生活用品の化学が一番わかる

生活に不可欠な化学の力を身近な製品で解説

武田徳司
平松紘実
喜多泰夫 著

技術評論社

はじめに

　私たちは、身のまわりの生活用品のお陰で、日々便利で快適な生活を送ることができています。これらの生活用品は、かつては、木・石・土など、自然物を加工してつくられていましたが、その後、油脂・石炭、そして石油・天然ガスへと、原料となる資源が変わり、現在では、生活用品の多くは、これらの原料に化学反応を加えてつくられた化学製品がほとんどと言っても過言ではありません。それは、科学技術の進歩とともに新しい化学反応が発明され、最適な原料を選んで、安価で機能的な製品が生み出されてきたからにほかなりません。さらに近年は、人と環境にやさしい製品の開発が必須となり、油脂やでんぷん、タンパク質などの再生産できる資源や、二酸化炭素の活用などが注目されてきています。

　快適にすごしたい、便利なものがよい、そして美しく健康でありたいという思いは、いつの時代も人類共通の願いです。その願いは、各種洗浄剤や化粧品、殺虫剤、防虫剤、そして各種プラスチック製品など、日々の生活に欠かせない化学製品によって叶えられています。また、新しい有機化学反応による医薬品の開発や導電性高分子の発明による新しい機能性プラスチックの開発などは、さらなる安心・安全・快適な生活に大きく貢献する化学の力によるものです。

　本書は、私たちに身近な生活用品の化学との関わりやそのしくみ、製造工程などについて、具体的な例を挙げながらわかりやすく解説していますので、社会で化学に関わるお仕事をされる初心者の方々に活用していただければ幸いです。

2014 年 12 月　著者代表　武田徳司

生活用品の化学が一番わかる
── 生活に不可欠な化学の力を身近な製品で解説 ──

目次

はじめに……………3

第1章 汚れを落とす化学製品……………9

1　汚れの種類と分類……………10
2　化学の力で汚れを落とすしくみ（皮脂、油）……………12
3　化学の力で汚れを落とすしくみ（泥、タンパク質、その他）……………14
4　石けんの配合（固形、液体）……………16
5　衣料用洗剤の配合（粉末、液体）……………18
6　食器用洗剤の配合（手洗い用・食器洗浄機用）……………20
7　住居用洗剤の配合（おふろ用、トイレ用）……………22
8　漂白剤（塩素系、酸素系、還元系）……………24
9　その他の洗剤（クレンザー、重曹、電解水）……………26
10　化学の力で柔らかくするしくみ（柔軟剤）……………28
11　柔軟剤（ソフター）の配合……………30

第2章 美容に役立つ化学製品……………33

1　美と健康の化学……………34
2　化学の力で肌を守るしくみ（スキンケア）……………38
3　皮膚洗浄剤の配合……………40

CONTENTS

 4 化粧水、乳液、クリームの配合…………42
 5 化学の力で髪を守るしくみ…………44
 6 シャンプー、コンディショナー、トリートメントの配合…………46
 7 整髪料、染毛剤の配合…………48
 8 化学の力で美しく見せるしくみ…………50
 9 ファンデーション、口紅の配合…………52

第3章　健康に役立つ化学製品…………55

 1 化学の力で歯を守るしくみ…………56
 2 歯みがき、洗口剤の配合…………58
 3 歯ブラシの構造としくみ…………60
 4 化学の力で熱を下げるしくみ…………62
 5 冷却まくら、熱冷却シート…………64
 6 化学の力で傷を守るしくみ…………66
 7 絆創膏の構造としくみ…………68

第4章　ヒトや動植物を守る化学製品…………71

 1 化学の力で害虫からヒトを守るしくみ…………72
 2 蚊取り線香の配合…………74
 3 エアゾールの配合…………76
 4 電気蚊取りの配合…………78
 5 新しい家庭用殺虫剤…………80

6　ディートとその他殺虫剤の配合としくみ・・・・・・・・・・・・・82

第5章　衣類や食品を守る化学製品・・・・・・・・・・・・85
　　1　化学の力で害虫から衣類を守るしくみ・・・・・・・・・・・・86
　　2　樟脳、ナフタリン、パラジクロルベンゼンの配合・・・・・・・・・・・・88
　　3　ピレスロイドの配合・・・・・・・・・・・・90
　　4　化学の力で湿気を防ぐしくみ・・・・・・・・・・・・92
　　5　乾燥剤、脱酸素剤の配合・・・・・・・・・・・・94
　　6　除湿剤の配合・・・・・・・・・・・・96
　　7　化学の力でニオイを抑えるしくみ・・・・・・・・・・・・98
　　8　消臭剤、脱臭剤、芳香剤の配合・・・・・・・・・・・・100

第6章　生活を大きく変化させた高分子化学・・・・・・・・・・・・103
　　1　生活用品とプラスチック・・・・・・・・・・・・104
　　2　ポリエチレンプラスチック（ポリエチレン、PE）の構造・特性と用途
　　　　・・・・・・・・・・・・108
　　3　ポリプロピレンプラスチック（ポリプロピレン、PP）の構造・特性と用途
　　　　・・・・・・・・・・・・112
　　4　ポリ塩化ビニルプラスチック（ポリ塩化ビニル、PVC）の構造・特性と用途
　　　　・・・・・・・・・・・・114
　　5　ポリスチレンプラスチック（ポリスチレン、PS）の構造・特性と用途
　　　　・・・・・・・・・・・・116

CONTENTS

 6 ABSプラスチック（ABS）の構造・特性と用途 …………118
 7 ポリエチレンテレフタレート（PET）の構造・特性と用途…………120
 8 ポリカーボネートプラスチック（ポリカーボネート、PC）の
   構造・特性と用途…………122
 9 ポリアミドプラスチック（ポリアミド、PA）の構造・特性と用途
   …………124
 10 アクリルプラスチック（PMMA）の構造・特性と用途…………126
 11 シリコーンプラスチック（シリコーン、SI）の構造・特性と用途
   …………128

第7章 進化するプラスチック …………131

 1 強化プラスチックのしくみと化学…………132
 2 光学用プラスチックのしくみと化学…………134
 3 感光性プラスチックのしくみと化学…………136
 4 高吸水性プラスチックのしくみと化学…………138
 5 形状記憶プラスチックのしくみと化学…………140
 6 バイオプラスチックのしくみと化学…………142
 7 機能性プラスチックフィルムのしくみと化学…………144
 8 接着剤のしくみと化学…………146

CONTENTS

第8章 化学製品の製造工程……………149

1 液体製品の製造工程……………150
2 エアゾール製品の製造工程……………152
3 クリーム状製品の製造工程①……………154
4 クリーム状製品の製造工程②……………156
5 粉末製品の製造工程……………158
6 顆粒状製品、打錠製品の製造工程 ……………160
7 プラスチック製品の製造工程① 射出成形……………162
8 プラスチック製品の製造工程② 押出成形……………164
9 プラスチック製品の製造工程③ ブロー成形……………166
10 プラスチック製品の製造工程④ 真空熱成形……………168
11 プラスチック製品の製造工程⑤ 発泡成形……………170

用語索引……………172

コラム│目次

衣料用洗剤コンパクト化の歴史……………32
薬事法(医薬品医療機器等法)と家庭用品品質表示法……………54
悪臭と消臭……………70
感染症と化学の戦い……………84
食品のおいしさを守る脱酸素剤の歴史……………102
高分子の父、プラスチックの父……………130
プラスチックとリサイクル……………148

第1章

汚れを落とす化学製品

私たちの身のまわりの「汚れ」には、
かつては落とせなかったものが
化学の力で落とせるようになったものがたくさんあり、
現在も日々研究開発により進化しています。
本章では、衣料用洗剤、食器用洗剤、住居用洗剤などの
化学製品を例に、それぞれの汚れの正体と
それに対する化学の力を解説しています。

1-1 汚れの種類と分類

●体内から分泌される汚れと食器や身のまわりの汚れ

　私たちが生活をする中で、汚れはいつもつきまといます。体の中から出てくる汚れには、汗や皮脂、角質片（アカ）などがありますが、これらの汚れは、環境（季節・気候や住環境など）や食べ物の違い、年齢をふくむ個人差で大きく変化します。衣類の汚れには、体の中から出てくるこれらの汚れに加えて、泥や煤煙（スス）、ほこり、食べこぼしや、小さなものでは細菌やウイルスまであります。

　たとえば、衣類の襟に付着する汚れは、おもに脂肪酸やコレステロールエステル、グリセロールトリエステルなどの脂質による汚れで、これらにタンパク質や塩類がかなりふくまれます（表1-1-1）。衣類の襟の脂質汚れは、着用3日くらいまでは直線的に増えて、繊維1g当たりの脂質量が60〜80mgになり、以後増え方は少なくなります（図1-1-1）。塩類は汗に由来するもので、春から秋にかけて増えます。1日の汗の量は夏の室内でも3ℓ程度あると言われ、戸外ではさらに多くの汗をかくため、それに比例して塩類を中心とした汚れも増えます。細菌などの微生物は、脂質などによる有機物汚れを栄養分として繁殖します。

　食器などには、油やタンパク質、デンプン、細菌類などの汚れがついています。また、身のまわりの住環境には、チリやほこりに加えて、衣類の繊維くずや印刷物の紙くず、自動車から出る粒子状物質（PM）など、さまざまな汚れがあります。これらの汚れを落とすには、汚れの種類や汚れのつき方によって適切な洗浄方法を選択しなければなりません。

　汚れは、大きく「水溶性汚れ」と「油溶性汚れ」に分類されます。形状別には、泥汚れに代表される「固体汚れ」と、油汚れなどの「液体汚れ」に分かれます（表1-1-2）。

表 1-1-1　襟汚れの成分例

脂肪酸	18～22%
コレステロールエステル	10～13%
グリセロールトリエステル	8～20%
タンパク質等	9～19%
塩類	9～19%

図 1-1-1　日数経過と襟の脂質汚れの増えかた

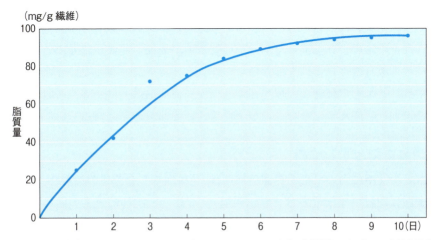

脂肪量は、脂肪酸やコレステロールエステル、グリセロールトリエステルなどの脂質汚れによるもの。衣類着用後、3日間くらいは増加し、繊維1g当りの脂肪量が80mgを超える5日目くらいからは横ばいとなる。

表 1-1-2　汚れの分類

汚れ	形状別	種類・原因
水溶性汚れ	固体汚れ	（易水溶性）食塩、砂糖、尿素 （難水溶性）泥
	液体汚れ	水溶性インク、しょうゆ
油溶性汚れ	固体汚れ	動物脂、固体脂肪酸、煤煙（スス）、樹脂
	液体汚れ	植物油、鉱物油、潤滑油、液体脂肪酸

1-2 化学の力で汚れを落とすしくみ（皮脂、油）

●界面活性剤のはたらき

　汚れを落とすために欠かすことのできないものが界面活性剤です。界面活性剤は、水となじみやすい「親水基」と、油となじみやすい「親油基」からなっています（図1-2-1）。

　界面活性剤のはたらきはいろいろありますが、その基本は、水と油、あるいは水と空気のような混じりあわない物質の境界面（界面）に並ぶこと（吸着）と、ある濃度以上になるといくつか集まって「ミセル」という会合体をつくることでその機能を発揮することです。界面活性剤は、界面に吸着することによって界面にはたらく力を下げます（界面張力低下作用）（図1-2-2）。

●汚れを落とすしくみ

　衣類の洗浄においては、界面活性剤は、「親油基」を液体の油汚れ（油滴）の表面に向けて集まり並びます（吸着）。そして、汚れと繊維の間に入り込み（湿潤・浸透）、汚れを洗濯液中に取り出します（乳化・可溶化・分散）。さらに、取り出した汚れを洗濯液中に安定に保ち、繊維に再付着させません（再付着防止）。この洗浄のしくみを「ローリングアップ」と言います（図1-2-3）。このように、界面活性剤は物理化学的なはたらきをします。

　油脂や脂肪酸のような汚れは、洗剤の中のアルカリ成分によって「けん化」という化学反応を起こして石けんに変化します。中性洗剤よりアルカリ性洗剤の方が大きな洗浄力を示す理由のひとつです。脂肪酸の「けん化」（中和）は液状であれば室温でも早く進みますが、油脂や固体脂肪酸の「けん化」は、加熱（加温）することで早く進みます。石けんも界面活性剤のひとつですから、それ自体が乳化や可溶化を起こして洗浄に貢献します。「けん化」まで進まない条件下でも、油脂の融点以上の温度にして液体にすれば洗浄力は大きく高まります。

図 1-2-1　界面活性剤のイメージ図

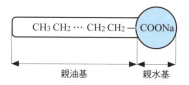

界面活性剤は、親水基のイオンの種類で分かれる

 アニオン界面活性剤

 カチオン界面活性剤

 非イオン界面活性剤

 両性界面活性剤

図 1-2-2　界面活性剤水溶液の濃度と表面張力の関係

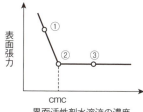

界面活性剤水溶液の表面張力は、②のミセルをつくり始める臨界ミセル濃度（cmc）でほぼ一定になる。

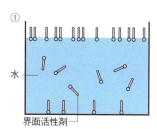
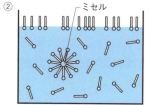
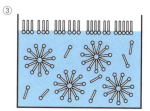

図 1-2-3　衣類の油汚れを落とすプロセス

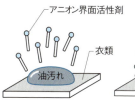
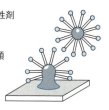
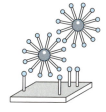
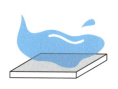

❶親油基を汚れに向けて、界面活性剤が集まる。

❷界面活性剤が汚れと繊維の間に入り込み（浸透作用）、汚れを水中に取り出す（乳化・分散作用）。

❸汚れを界面活性剤が包み込むことで、再度繊維に付着することがない（再付着防止作用）。

❹界面活性剤は、水ですすぐことで、汚れとともに洗い流すことができる。

1-3 化学の力で汚れを落とすしくみ（泥、タンパク質、その他）

●固体汚れの粒子間にはたらく力

泥や煤煙などの固体汚れの洗浄では、汚れの粒子どうしの引力と反発力（斥力）が大きく影響します。引力は分子間力（ロンドン-ファンデルワールス力）と言われ、分子間距離に反比例するので、距離が短くなると非常に大きくなりますが、距離が長くなると急に小さくなります。引力が反発力を上回れば粒子は凝集し、反発力が引力を上回れば粒子は凝集せずに安定して存在します。

水中では、汚れの粒子や繊維は電荷を帯びており、その周りにはこれを中和する対イオン（反対の電荷のイオン）が存在しています。対イオンは帯電面に引き寄せられるとともに、熱運動によって溶液全体に広がろうとします。帯電面の近くでは対イオンが多く、帯電面と同じ符号のイオンは不足となり、電気二重層を形成します。汚れの粒子や繊維は、水中で負の電荷を帯びる傾向があり、粒子などのまわりにつくられた電気二重層どうしの反発によって粒子どうしあるいは粒子と繊維の間に反発力が生まれるため、水中では汚れが繊維から離れ落ちやすくなります。

●ビルダー（洗浄助剤）のはたらき

洗剤には界面活性剤以外にしばしば「ビルダー」と呼ばれる洗浄助剤が配合されます。ビルダーのおもなはたらきは、「水軟化剤による金属イオン封鎖作用（水軟化作用）」、「アルカリ剤によるアルカリ緩衝作用」、「分散剤による分散作用」、の3つです（表1-3-1）。たとえば、金属イオン封鎖作用を持つ水軟化剤は、界面活性剤のはたらきをさまたげる水中のカルシウムイオンやマグネシウムイオン（硬度成分イオン）などの金属イオンをつかまえ、界面活性剤が十分にはたらけるようにします（図1-3-1）。また、分散剤や陰イオン界面活性剤が汚れの固体粒子の表面に吸着することで、静電気的な反発による分散効果が生まれ、洗浄に寄与します。

その他の添加剤として配合される「酵素」は、タンパク質や脂質の汚れを分解して落としやすくするはたらきがあります（図 1-3-1）。

表 1-3-1　おもなビルダー成分とはたらき

ビルダー成分	はたらき
アルミノケイ酸塩（ゼオライト）	金属イオン封鎖作用（水軟化作用）
炭酸塩	アルカリ緩衝作用
ケイ酸塩	アルカリ緩衝・金属イオン封鎖作用
ポリリン酸塩	金属イオン封鎖・アルカリ緩衝・分散作用
硫酸塩	粉末の流動化
カルボキシメチルセルロース	再付着防止作用

図 1-3-1　ビルダーの水軟化作用と酵素のはたらき

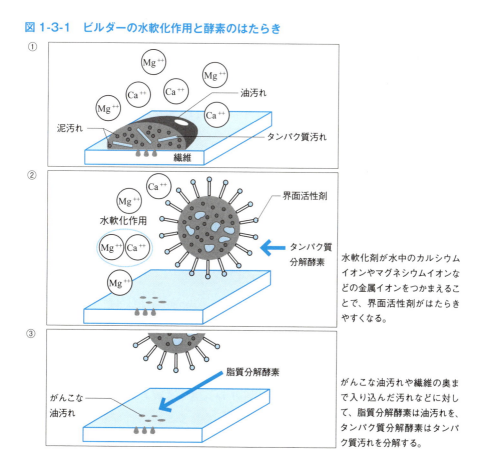

1-4 石けんの配合（固形、液体）

●固形石けんの配合と製法

　固形石けんは、牛脂やパームステアリンなどが80％、ヤシ油やパーム核油などが20％からなる脂肪酸ナトリウムが主成分です。これに添加剤として、脂肪酸や高級アルコールなどの過脂肪剤、グリセリンなどの保湿剤、エチレンジアミン四酢酸塩（エデト酸塩）やエチドロン酸塩などの変質防止剤、そして酸化チタンなどの顔料や色素、および香料が配合されます。なお、「けん化法」でつくる場合、食塩水で分離精製する塩析操作をおこなうため、食塩が混入します。

　固形石けんの製法は、油脂（中性油）を水酸化ナトリウムで「けん化」する「けん化法」、油脂とメタノールから脂肪酸メチルエステルとした後、水酸化ナトリウムで「けん化」する「エステルけん化法」、油脂を加水分解して脂肪酸とした後、水酸化ナトリウムで中和する「中和法」の3つです（図1-4-1）。

　これらの製法でつくられた約30％水分をふくんだ含水石けん（ニートソープ）を乾燥させたものを「石けん素地」と呼びます。固形石けんは、石けん素地に添加剤を混合した後、押し出し機で棒状にし、型打ちして仕上げる「機械練り法」か、ニートソープに添加剤を混合した後、枠（型）に流し込んで冷却固化し、切断、乾燥、型打ちして仕上げる「枠練り法」でつくられます。

●液体石けんの配合

　液体石けんは、脂肪酸カリウムが主成分です。ヤシ油やパーム核油にアルカリ剤として水酸化カリウムを用いて「けん化」して脂肪酸カリウムとした後、添加剤を混合して仕上げます（図1-4-2）。原料の脂肪酸は水に溶けやすいラウリン酸が主成分ですが、他の脂肪酸もふくまれるため、低温で濁りが生じないように可溶化剤を添加する場合もあります。脂肪酸を原料にしてエタノールアミンやアンモニアのような弱いアルカリで中和すれば、中性の石

けん液をつくることもできます。中性石けん液は手洗い用としても使われます。

図 1-4-1　固形石けんの配合と製法

けん化法

$$\begin{array}{l} R^1\text{—COOCH}_2 \\ R^2\text{—COOCH} \\ R^3\text{—COOCH}_2 \end{array} + 3\text{NaOH} \xrightarrow{\text{けん化}} \begin{array}{l} R^1\text{—COONa} \\ R^2\text{—COONa} \\ R^3\text{—COONa} \end{array} + \begin{array}{l} \text{CH}_2\text{OH} \\ \text{CHOH} \\ \text{CH}_2\text{OH} \end{array}$$

【油脂】　【水酸化ナトリウム】　　　　　　【石けん】　【グリセリン】

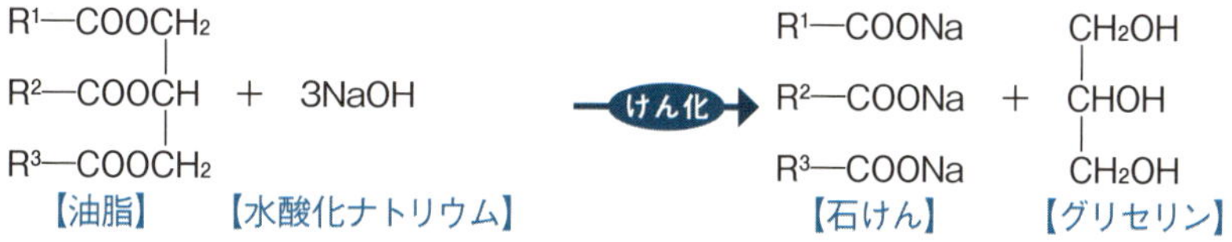

R^1、R^2、R^3：R は炭素数 C_{11}〜C_{17} のアルキル基。

エステルけん化法

$$R\text{—COOCH}_3 + \text{NaOH} \xrightarrow{\text{けん化}} R\text{—COONa} + \text{CH}_3\text{OH}$$

【脂肪酸メチルエステル】【水酸化ナトリウム】　　【石けん】　【メタノール】

中和法

$$R\text{—COOH} + \text{NaOH} \xrightarrow{\text{中和}} R\text{—COONa} + \text{H}_2\text{O}$$

【脂肪酸】　【水酸化ナトリウム】　　【石けん】　【水】

図 1-4-2　液体石けんの配合と製法

けん化法

$$\begin{array}{l} R^1\text{—COOCH}_2 \\ R^2\text{—COOCH} \\ R^3\text{—COOCH}_2 \end{array} + 3\text{KOH} \xrightarrow{\text{けん化}} \begin{array}{l} R^1\text{—COOK} \\ R^2\text{—COOK} \\ R^3\text{—COOK} \end{array} + \begin{array}{l} \text{CH}_2\text{OH} \\ \text{CHOH} \\ \text{CH}_2\text{OH} \end{array}$$

【油脂】　【水酸化カリウム】　　　　　　【カリ石けん】　【グリセリン】

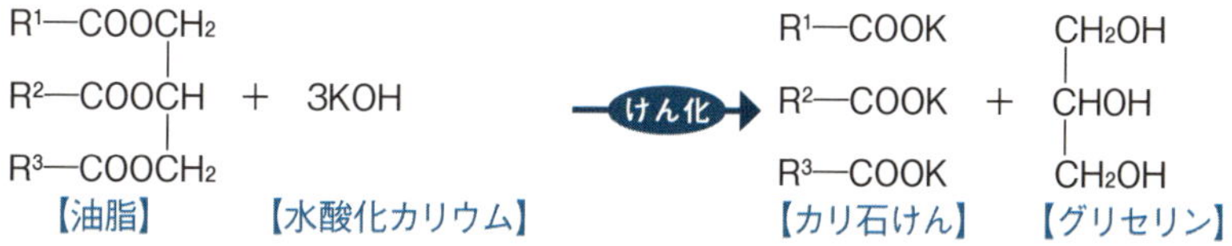

中和法

$$R\text{—COOH} + \text{KOH} \xrightarrow{\text{中和}} R\text{—COOK} + \text{H}_2\text{O}$$

【脂肪酸】　【水酸化カリウム】　　【カリ石けん】　【水】

1-5 衣料用洗剤の配合（粉末、液体）

●粉末洗剤の配合

　衣料用洗剤（洗濯用洗剤）は、粉末・液体に関わらず家庭用品品質表示法で3種類に分類されています（表1-5-1）。

　衣料用粉末洗剤は、おもに界面活性剤とビルダー（洗浄助剤）からなり、その他の添加剤として、過炭酸塩などの酸素系漂白剤や酵素、蛍光増白剤などが配合されます（図1-5-1）。

　衣料用粉末洗剤に配合される界面活性剤は、直鎖アルキルベンゼンスルホン酸塩（LAS）などの陰イオン界面活性剤が多く、そこに少量の非イオン界面活性剤が配合されます。ビルダーは、水軟化剤として硬度成分イオンを除くアルミノケイ酸塩（ゼオライト）、アルカリ剤として炭酸塩とケイ酸塩、分散剤としてポリリン酸塩、粉末化の工程剤である硫酸塩（ボウ硝）などが配合されます。なお、羊毛や絹はアルカリに弱いので、アルカリ性のビルダー成分を配合しない粉末の中性洗剤が適します。

●液体洗剤の配合

　環境意識の高まりから節水型洗濯機が普及し、それにともなって溶解性の心配のない液体洗剤のシェアが拡大しています。

　衣料用液体洗剤に配合される界面活性剤は、おもに非イオン界面活性剤が使われます。粉末洗剤に水軟化剤として使われるアルミノケイ酸塩のようなビルダー成分は濁りや沈殿の懸念から配合が制限されます。また、洗濯水の硬度（水にふくまれるCaイオンやMgイオンの質量濃度）が高いと有機のキレート剤の配合が欠かせません。タンパク質分解などの酵素を配合することで洗浄力を上げていますが、酵素の安定化のため、ホウ酸やプロピレングリコールの添加などの工夫がなされています（図1-5-1）。

　ドライマーク衣料を家庭で洗濯できるおしゃれ着用液体洗剤は、中性の非イオン界面活性剤を主体に、柔軟効果をもたせるアルキルアミドアミン塩な

どの陽イオン界面活性剤やシリコーンを配合することで、しわやヨレを抑えます。

表 1-5-1　衣料用洗剤の分類

品　名	区　分
洗濯用合成洗剤	下記以外の洗濯用洗剤
洗濯用石けん	純石けん分以外の界面活性剤を含まないもの
洗濯用複合石けん	純石けん分の含有量が界面活性剤総含有量の70％以上のもの

（家庭用品品質表示法による）

図 1-5-1　粉末洗剤と液体洗剤のおもな成分と配合比

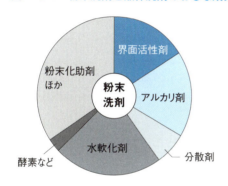
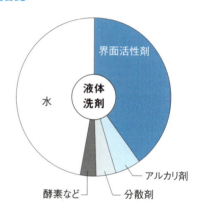

粉末洗剤のおもな成分
界面活性剤：直鎖アルキルベンゼンスルホン酸塩（LAS）、アルファオレフィンスルホン酸塩（AOS）、アルファスルホ脂肪酸メチルエステル塩（MES）、アルキル硫酸塩（AS）、石けんなど陰イオン界面活性剤（少量の非イオン界面活性剤：ポリオキシエチレンアルキルエーテル）
ビルダー：アルミノケイ酸塩（ゼオライト）、炭酸塩、硫酸塩、ケイ酸塩など

液体洗剤のおもな成分
界面活性剤：ポリオキシエチレンアルキルエーテル、ポリオキシエチレン脂肪酸メチルエステル、ポリオキシアルキレンアルキルアミンなどの非イオン界面活性剤、LAS、アルキルエーテル硫酸エステル塩、石けんなどの陰イオン界面活性剤
ビルダー：エタノールアミン類、クエン酸塩、エチレンジアミン四酢酸塩（EDTA）、ニトリロ三酢酸塩（NTA）

1-6 食器用洗剤の配合（手洗い用、食器洗浄機用）

●手洗い用食器洗剤の配合

　手洗い用食器洗剤（台所用洗剤）は、食器に残留した油やタンパク質、炭水化物などの食品カス汚れを落とし、食品衛生上でも非常に貢献しています。食器洗剤は、合成洗剤、石けん、複合石けんの3つに分類されます（表1-6-1）。食堂などで野菜や果物を洗って提供する場合、それに使う洗浄剤の使用方法については食品衛生法で規定されていますので、それに従って使用しなければなりません（表1-6-2）。

　食器洗剤による手荒れの問題は、陰イオン界面活性剤とアルキルアミンオキシドの組み合わせや、新しい界面活性剤の開発などでかなり改善されました。また、近年では洗剤をつけることでスポンジの除菌ができるという機能も提案されており、除菌訴求品のひとつとしても定着しつつあります。

●食器洗浄機用洗剤の配合

　食器洗浄機の普及とともに、それに使用する専用洗剤も開発されています。食器洗浄機は洗剤を水流ポンプのノズルから食器に吹きつけて洗浄するため、泡立ちが大きいとノズルへの洗剤液の吸い込みができなくなり、場合によっては洗浄機が止まってしまいます。そのため、使用する界面活性剤はおもに低泡性の非イオン界面活性剤で、配合量も少なく、5％未満が一般的です。

　食器洗浄機用洗剤の粉末タイプには、低泡性非イオン界面活性剤に加えて、ビルダー（アルカリ剤、漂白剤、硫酸塩、水軟化剤）とタンパク質分解酵素やデンプン分解酵素などが配合されています。液体タイプは、低泡性非イオン界面活性剤にポリカルボン酸塩、キレート剤、酵素などが配合されています。なお、食器洗浄機用洗剤は温水を使うため、酵素の効果が特に発揮されやすいという特徴があります。

表 1-6-1 食器用洗剤の分類

品　名	区　分
台所用合成洗剤	下記以外の台所用洗剤
台所用石けん	純石けん分以外の界面活性剤を含まないもの
台所用複合石けん	純石けん分の含有量が界面活性剤の総含有量の60％以上のもの

（家庭用品品質表示法による）

表 1-6-2 食器用洗剤の成分規格と使用基準

	非脂肪酸系	脂肪酸系
界面活性剤	LAS、AES（アルキルエーテル硫酸エステルナトリウム）などの従来の界面活性剤	高級脂肪酸のカリウム塩、ナトリウム塩、高級脂肪酸エステル系
分析試料 （ヒ素、重金属）	製品を150倍に希釈する	製品を30倍に希釈する
ヒ素	0.05ppm以下	
重金属（鉛として）	1ppm以下	
pH	6.0〜8.0	6.0〜10.5
メチルアルコール	1mg/g以下	
酵素・漂白剤	含んではならない	
香料	食品衛生法施行規則別表第1に掲げてある香料以外のものは使用してはならない	
着色料	食品衛生法施行規則別表第1の着色料以外にインダントレンブルーRS、パテントブルーV、キノリンイエロー、ウールグリーンBSが使用できる	
生分解度	アニオン系界面活性剤を含むもの85％以上	
使用基準濃度	0.1％以下	0.5％以下
浸漬時間	野菜、果物は5分以上浸漬しないこと	
すすぎ	流水の場合は野菜、果物は30秒以上、食器調理器具は5秒以上、ためすすぎの場合は水をかえて2回以上すすぐ	

（もっぱら、飲食器の洗浄用のものを除く）　　　　　　　　　　　　　　（食品衛生法による）

1-7 住居用洗剤の配合（おふろ用、トイレ用）

●おふろの汚れとおふろ用洗剤の配合

　浴室には、体の中から出てくる皮脂や角質以外に、石けんと水中のカルシウムイオンが結合したカルシウム石けん（石けんカス）が付着しています。石けんカスを取るためには、エチレンジアミン四酢酸塩のようなキレート剤（金属イオン封鎖剤）を使った化学的な分解作用が必要です。

　また、浴槽の喫水線に付着する湯アカは、皮脂や角質、石けんカス、ほこりなどの汚れが複合してできたものです。おふろ用洗剤の洗浄液を泡スプレーなどで汚れに吹きかけて、しばらく放置してからふき取るのが効果的です（図1-7-1）。

　さらに、目地などに目立つカビの汚れは、おふろ用洗剤ではなかなか取れないので、後述する塩素系漂白剤やカビ取り剤を使用する必要があります。

●トイレの汚れとトイレ用洗剤の配合

　トイレの汚れには、尿や水アカ、尿石、カビなどがあります。尿石は尿に由来するカルシウムイオンが炭酸やリン酸などと反応してできたカルシウム化合物です。それがタンパク質などの有機物による汚れなどと組み合わさって複合汚れとなります（図1-7-2）。

　トイレ用洗剤には、中性洗剤や酸性タイプ、塩素系などがあり、酸性タイプのものは塩酸と陽イオン界面活性剤または非イオン界面活性剤を配合し、酸で化学的に尿石を分解します。スルファミン酸やクエン酸などが効果的です。そのほかに、塩化ベンザルコニウムなどの除菌剤が配合されたものもあります。

　なお、酸性タイプの洗剤と塩素系漂白剤を併用すると有害な塩素が発生するため、併用は避けなければいけません。

図 1-7-1　浴室の汚れ

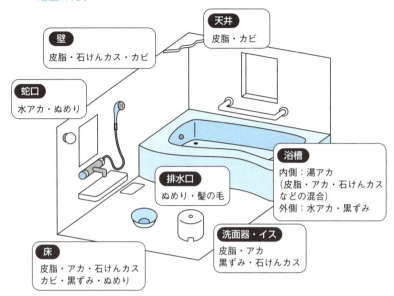

図 1-7-2　トイレの尿石汚れ

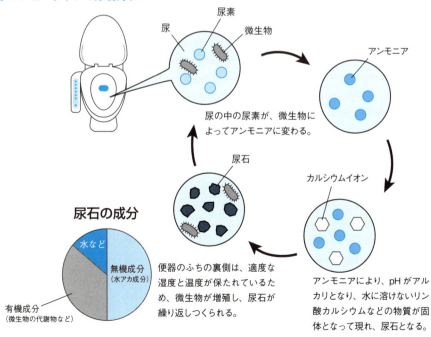

1-8 漂白剤
（塩素系、酸素系、還元系）

●塩素系漂白剤

　漂白剤は、塩素系、酸素系、還元系の３つに分類されます（表1-8-1）。

　この中でもっとも代表的な塩素系漂白剤の主成分は次亜塩素酸ナトリウムで、これには強力な漂白作用と殺菌作用があります。次亜塩素酸ナトリウムは、食塩水溶液を電解酸化するか、水酸化ナトリウム（苛性ソーダ）に冷却しながら塩素ガスを吹き込んで製造します（図1-8-1）。通常は有効塩素濃度13％で、副産物として塩化ナトリウムをふくんでいます。有機物汚れを分解して除くはたらきと強力な殺菌作用から、キッチンブリーチ、カビ取りブリーチ、トイレ用洗剤、おむつ用洗剤などに使用されています。衣料用漂白剤としても市販されていますが、色物衣料に使用すると色素が分解されて脱色されます。また、酸性のものと混ぜると有害な塩素ガスが発生します。固体の塩素系漂白剤には、次亜塩素酸カルシウムが主成分のさらし粉とプール水の殺菌などに使用される塩素化イソシアヌル酸ナトリウムがあります。

　ノロウイルスを失活させるためには、調理器具などは有効塩素濃度200ppm（1ppm=100万分の1＝0.0001％）の次亜塩素酸ナトリウム液に浸すように拭うことが薦められています。また、吐しゃ物の殺菌には有効塩素濃度1000ppmでの処理が厚生労働省により薦められています。

●酸素系漂白剤

　酸素系漂白剤には、過炭酸ナトリウム（PC）、過ホウ酸ナトリウム、過酸化水素、ペルオキシ一硫酸カリウム（一過硫酸カリウム）などがあります。

　過炭酸ナトリウムは、炭酸ナトリウムと過酸化水素からつくられ、水溶液中では40℃程度で分解して酸化作用を発揮するので、衣料用洗剤や食器洗浄機用洗剤、洗濯槽クリーナーなどに使われます（図1-8-2）。過酸化水素は、エチルアントラキノンの水素還元、酸素での酸化でつくられ、これを基材とする酸素系漂白剤は、衣料用液体漂白剤として市販されています。このよう

な酸素系漂白剤は、酸化系漂白剤の中でも比較的温和な漂白剤として色物衣料の漂白にも使うことができます。また、ペルオキシ一硫酸カリウムは、取り扱いやすい酸化剤として、塩素系漂白剤の代わりにカビ取り効果のある洗濯槽クリーナーとして使用されるととともに、有機合成にも使われています。

●還元系漂白剤

ハイドロサルファイトは、代表的な還元系漂白剤です。繊維製品の漂白に弱酸性～弱アルカリ性で使用します。家庭用還元系漂白剤としては二酸化チオ尿素が弱アルカリ性で使われ、酸化によって黄変した繊維の回復に用いられます。

表 1-8-1　漂白剤の分類

酸化系漂白剤	塩素系漂白剤	次亜塩素酸ナトリウム 次亜塩素酸カルシウム（さらし粉） 塩素化イソシアヌル酸ナトリウム
	酸素系漂白剤	過炭酸ナトリウム（PC）、過ホウ酸ナトリウム 過酸化水素、ペルオキシ一硫酸カリウム
還元系漂白剤	イオウ系漂白剤	ハイドロサルファイト、二酸化チオ尿素

図 1-8-1　次亜塩素酸ナトリウムの生成反応式

$$2NaOH + Cl_2 \rightarrow NaClO + NaCl + H_2O$$
水酸化ナトリウム　塩素　　次亜塩素酸ナトリウム　塩化ナトリウム　　水

図 1-8-2　過炭酸ナトリウムの漂白効果

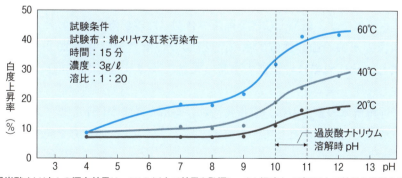

過炭酸ナトリウムの漂白効果は、pH10以上で効果を発揮し、また温度も40℃以上で効果を発揮する。
漂白効果は、汚染布の白色度の上昇率で示したもの。　　　（日本パーオキサイド㈱技術資料から）

1-9 その他の洗剤（クレンザー、重曹、電解水）

●クレンザー

クレンザーの主成分は、炭酸カルシウム、石英などの研磨材と界面活性剤です。流し台や調理台、鍋などの調理器具の焼け焦げを取り除くなど、界面活性剤だけでは落としにくい汚れを落とすのに使われます。しかし、液体タイプには50％程度、粉末タイプには90％程度の研磨材がふくまれており、漆器や低硬度の貴金属などに傷をつける可能性があります（図1-9-1）。

●重曹・セスキ炭酸ソーダ

重曹（$NaHCO_3$）は、pH8.5（1％水溶液、25℃）と弱アルカリ性なので、大きな洗浄効果は期待できませんが、油汚れに付着させてしばらく置くか浸け置きすると、中和作用により汚れを分解します（図1-9-2）。また、重曹の粉末は研磨材としての効果があります。

セスキ炭酸ソーダ（$Na_2CO_3・NaHCO_3・2H_2O$）は、pH9.8（1％水溶液、25℃）と重曹よりもアルカリ性がやや高く、洗浄力も高まります。

●電解水

電解水は、水道水やうすい食塩水などを、弱い直流電圧で電解処理して得られる水溶液です。陽極と陰極を隔膜で仕切った電解槽を用いると、陽極側では殺菌力が強い強酸性電解水（pH2.7以下、有効塩素濃度20～60ppm）を生成し、陰極側では洗浄能力を持った強アルカリ電解水（pH11～11.5）を生成します。

強酸性電解水の殺菌力は、有機物汚れがあると効果が低下します。強アルカリ電解水で汚れを落としてから使用することで、より殺菌力を発揮します。

図 1-9-1　クレンザーの研磨材と各種材質の硬度比較

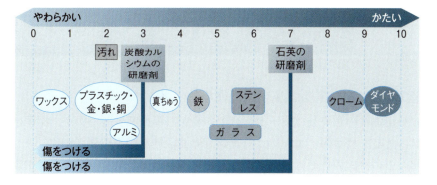

図 1-9-2　重曹が汚れを落とすしくみ

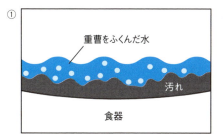

重曹をふくんだ水が汚れに密着する。

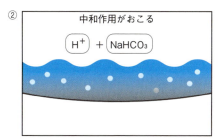

重曹が汚れと混ざり合うことで、中和作用がおこる。

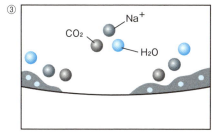

汚れは、水・二酸化炭素・ナトリウム塩に分解される。

1-10 化学の力で柔らかくするしくみ（柔軟剤）

●繊維（衣類）を柔らかく仕上げるしくみ

　衣料用洗剤の主成分は陰イオン（アニオン）界面活性剤ですが、柔軟剤は反対の電荷を持つ陽イオン（カチオン）界面活性剤が主成分です。

　綿などの繊維の表面は、水にぬれるとマイナスの電気を帯びます。柔軟剤の主成分はプラスの電気を帯びた陽イオン界面活性剤ですので、カチオン性親水基が繊維の表面に吸着し、親油基を外側に向けて並びます。そのため繊維の表面に油の膜ができて摩擦抵抗が減少し、繊維どうしのすべりがよくなって柔らかくなるのです（図 1-10-1）。

●静電気を逃がすしくみ

　また、繊維どうしや繊維と肌との摩擦によって静電気が発生しますが、すべりが良くなることで静電気の発生も減ります。静電気が発生した場合でも、繊維に吸着した陽イオン界面活性剤のカチオン性親水基のまわりには水が結合するので、静電気が流れ去りやすくなります（図 1-10-2）。特に乾燥した冬には、静電気がたまりやすく逃げにくいので、ナイロンの裾がまとわりついたり、アクリルのセーターを脱ぐときにパチパチ音がしたりします。

　静電気のたまり方は、繊維の種類によって異なります（図 1-10-3）。たとえば羊毛とアクリルがこすれると、アクリルはマイナスに、羊毛はプラスに帯電します。なお、柔軟剤の使用で静電気の発生を防止できますが、過剰に使いすぎると吸水性が悪くなるので注意が必要です。

●柔軟剤の失活

　ほとんどの衣料用洗剤には陰イオン界面活性剤がふくまれているので、柔軟剤にふくまれる陽イオン界面活性剤と混ざると結合して、柔軟剤の効果がなくなります（図 1-10-4）。そのため洗濯機では、衣料用洗剤と柔軟剤が混ざらないように、すすぎ2回目に柔軟剤が投入されるようになっています。

図 1-10-1 繊維（衣類）を柔らかく仕上げるしくみ

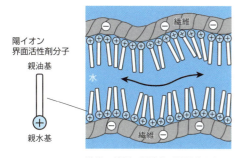

繊維の外側の親油基が潤滑油となり、繊維どうしがすべりやすくなるため、柔らかくなる。

図 1-10-2 静電気を逃がすしくみ

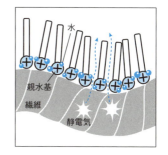

繊維の表面には親水基があるため、摩擦によって発生した静電気を流す。

図 1-10-3 繊維の帯電しやすさ（帯電列の例）

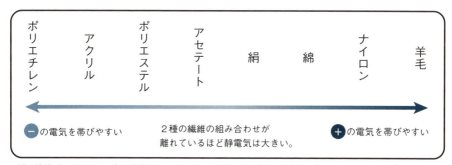

2種の繊維がこすれると、左の繊維がマイナスに、右の繊維がプラスに帯電する。

図 1-10-4 柔軟剤の失活

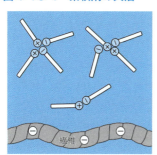

⊖ 陰イオン界面活性剤（衣料用洗剤）
⊕ 陽イオン界面活性剤（柔軟剤）

柔軟剤と衣料用洗剤の界面活性剤が、プラスとマイナスで結合してしまい、どちらのはたらきも失われてしまう。

1-11 柔軟剤（ソフター）の配合

●柔軟剤に配合される界面活性剤

　肌触りのよい衣類も洗濯を繰り返すと固くなります（図1-11-1）。そこで、洗濯後に衣類のすべりをよくするために柔軟剤が使用されます。

　柔軟剤に使用される陽イオン（カチオン）界面活性剤は、かつては塩化ジ硬化牛脂アルキルジメチルアンモニウムが使われていましたが、河川などに流れた時に微生物による分解性（生分解性）が非常に悪く、水中にいつまでも残るため、より生分解性に優れたエステル基を分子内にもつ生分解性陽イオン界面活性剤（表1-11-1）が使われるようになりました。また、柔軟剤の粘度が高くなるのを防ぐために、塩化カルシウムのような減粘剤や溶剤などの安定化剤も配合されています。

●付加機能を求められる柔軟剤

　近年、柔軟剤に防臭機能や香りの付与が重視されています（表1-11-2）。

　洗濯物は部屋に干した時に嫌なにおいがつきますが、これは衣類に付着している汚れが細菌によって分解されて発生するもので、このにおいを防ぐために細菌の活動をおさえる抗菌剤が添加されています。たとえば、塩化ジデシルジメチルアンモニウム（DDC）や塩化ベンザルコニウムのような抗菌力をもつ陽イオン界面活性剤が柔軟剤によく配合されます。また、細菌の細胞膜を溶かして繁殖を抑える溶菌酵素を添加してにおいの発生を防ぐこともできます。サイクロデキストリンのようなにおいを取り込む成分を配合することによって、まわりの環境から付着するタバコ臭や焼き肉臭などを防ぐこともできます。

　さらに、香料を高濃度配合した香り訴求型柔軟剤も多くあり、特に残香性を高めて繊維に香りを持続させる技術も開発されています。

図 1-11-1　洗濯回数と綿タオルの柔らかさの変化

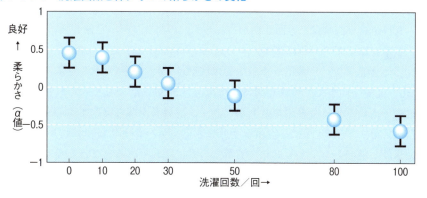

表 1-11-1　生分解性陽イオン界面活性剤

HEMPDA-EA	MDEA-EQ	DMAPD−EQ	TEA-EQ
構造			

HEMPDA-EA：N-(2-ヒドロキシエチル)-N-メチルプロパンジアミンのエステルアミド塩
MDEA-EQ：メチルジエタノールアミンのジエステル第四級アンモニウム塩、
DMAPD−EQ：ジメチルアミノプロパンジオールのジエステル第四級アンモニウム塩
TEA-EQ：トリエタノールアミンのジエステル第四級アンモニウム塩

表 1-11-2　柔軟剤の成分例

成　分	配合率
ジエステル系陽イオン界面活性剤（柔軟剤）	15%
ポリオキシエチレンアルキルエーテル（乳化剤）	3%
ジプロピレングリコールモノメチルエーテル（安定化剤）	2.5%
エチレンジアミン四酢酸ニナトリウム（キレート剤）	0.1%
ジデシルジメチルアンモニウムクロリド（殺菌剤）	0.3%
塩化カルシウム（減粘剤）	0.2%
香料	適量
水	74%

❗ 衣料用洗剤コンパクト化の歴史

　衣料用粉末洗剤は、界面活性剤とビルダーのスラリー（粘性の強い流動物）を噴霧乾燥してつくられます。

　1980年代までの一般的な衣料用粉末洗剤は、かさ比重（重量／容量）約0.3g/mL、洗濯1回当たりの使用量40g/30L、容積140mLでした。これは店頭や倉庫で占める体積や物流コストが大きく、消費者が持ち運びするのも大変でした。そこで1975年に、容積を半分にするコンパクト化が行われましたが、従来品と併売したこともあり、消費者の受け入れられるところとなりませんでした。1987年、かさ比重を0.85 g/mL程度の粉末にするとともに界面活性剤を増量して、洗濯1回の使用量が容量で従来の1/4にしたコンパクト製品が現れました。これは消費者の受け入れられるところとなり、現在ほとんどの衣料用粉末洗剤はこのタイプになっています。

　一方2009年に、衣料用液体洗剤にも、洗濯1回の使用量が従来の1/2～1/3の濃縮洗剤が現れました。このタイプには、界面活性剤量が50％以上配合されていますが、ポリオキシアルキレンアルキルアミンやポリオキシエチレン脂肪酸メチルエステルのような非イオン界面活性剤や溶剤の使用で流動性を確保しています。

第2章

美容に役立つ化学製品

女性にとって「美容」は、古くから永遠のテーマです。
また、今日では、男性の美容に対する関心も高まっており、
さまざまなニーズに対して、
化学の力を利用した製品開発が行われています。
本章では、私たちの皮ふや毛髪のしくみと、化学の力が
美容に役立つしくみを、身近な製品を例に解説しています。

2-1 美と健康の化学

●「化粧品」の定義

薬事法において、「化粧品とは、人の身体を清潔にし、美化し、魅力を増し、容貌を変え、又は皮膚若しくは毛髪を健やかに保つために、身体に塗擦、散布その他これらに類似する方法で使用されることが目的とされている物で、人体に対する作用が緩和なものをいう。」と定義されています。

●皮膚の構造としくみ

皮膚の構造は、表面から表皮、真皮、皮下組織に大きく分けられ(図2-1-1)、表皮はさらに、深部から基底層、有刺層、顆粒層、角質層に分けられます。正常な皮膚は、重なり合った角質層によって、外部からの物理的、化学的な刺激に対して強力な防御壁となっています。

表皮の大部分は、ケラチノサイト(角化細胞)で、それ以外に色素を合成するメラノサイト(色素細胞)、異物や腫瘍を認識、排除するランゲルハンス細胞(免疫細胞)があります。表皮の最下層の基底層を構成する基底細胞は、絶えず分裂・分化の過程を経て角層細胞を形成します。角質層は、扁平な角層細胞とその間隙を埋める細胞間脂質による層状構造を形成しています。角層細胞内には天然保湿成分(NMF)が存在して水分を保持し、細胞間脂質とともに皮膚のバリア機能を担っています(表2-1-1)。角質層を損傷した皮膚ではこの防御機能が破壊され、ひび割れ、かゆみ、痛み、刺激に弱いなどの症状が出てしまいます。

正常な皮膚では、基底細胞が分裂して順次押し上げられ角質細胞となり、その角層が脱落して新しい細胞層に置き換わります。これを「表皮のターンオーバー」と呼び、それはおよそ6週間と言われています。

皮膚は保護作用以外に、皮脂の分泌や発汗作用、知覚作用などの重要な生理作用も持っています。

図 2-1-1 皮膚の構造

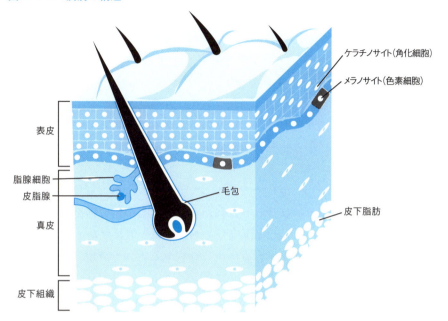

表 2-1-1 天然保湿成分（NMF）と細胞間脂質成分

天然保湿成分（NMF）	細胞間脂質成分
アミノ酸	セラミド
ピロリドンカルボン酸（PCA）	セラミドエステル
乳酸塩	コレステロール
尿素	コレステロールエステル
アンモニア	脂肪酸
無機塩 　Na^+、K^+、Ca^{2+}、Mg^{2+} 　Cl^-、リン酸塩など	硫酸コレステロール
糖類、その他	その他

●皮膚の水分を保つしくみ（保湿）

　健康な肌は「みずみずしい肌」とよく言われますが、それを保つためには、第一に皮膚を清浄にすることと角質層の保湿が重要です。皮膚のバリア機能の指標として経表皮水分蒸散量（TEWL）が用いられますが、その値は敏感肌の人や冬には高くなります（図2-1-2）。敏感肌だけでなく健常肌でも、冬には角質層の水分量が低くなり、皮脂の分泌量も減るからです。このことから、冬には保湿剤による水分の蒸散防止や不足する皮脂の補給が、とくに必要になります。

　保湿剤には、外的要因や老化などによって減少した天然保湿成分（NMF）や細胞間脂質の成分あるいはそれらに代わる機能をもつ化合物を補うことのできる物質が選ばれます。天然保湿成分であるピロリドンカルボン酸（PCA）や乳酸塩、尿素も使われますが、真皮内に存在するムコ多糖類（ヒアルロン酸ナトリウム、コンドロイチン硫酸、キチン・キトサンなど）やグリセリン、プロピレングリコール、ソルビトールなどの多価アルコールが多く使われています。また、コラーゲンなどのタンパク質分解物も使われます。

●皮膚を紫外線から守るしくみ（美白）

　肌の色は、皮膚のメラノ色素とヘモグロビンによって決まりますが、なかでもメラノ色素の産生と沈着の度合いは重要です。

　美白にはメラノ色素の産生と沈着を防ぐ化合物が使われますが、そのしくみは非常に複雑で全容は解明されていません。メラニン色素は紫外線を吸収して皮膚細胞の損傷を防いでくれますが、メラニンが過剰に作られるとシミ・ソバカスの原因になります。メラニン色素は表皮のメラノサイト内のメラノソームで、チロシナーゼ酵素によってチロシンからつくられ、これが紫外線によって活性化されます（図2-1-3）。そこで、チロシナーゼの活性を阻害するコウジ酸やアルブチンや、チロシナーゼの分解を促進するリノール酸、チロシナーゼタンパクの成熟を抑制するマグノリグニンなどが、メラニンの生成を抑える美白剤として使われます。

図 2-1-2 健常肌と敏感肌の頬の角層コンダクタンスと経表皮水分蒸散量

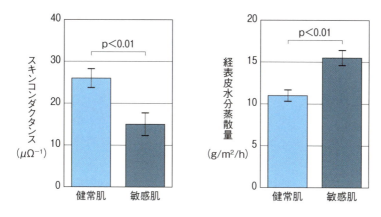

図 2-1-3 メラニンのできるしくみ

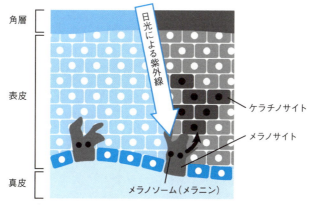

① 日光による紫外線や外部からの刺激などから皮膚細胞を守るため、メラノサイトでメラニンがつくられる。
② ケラチノサイトにメラニンがたまることで細胞分裂のリズムが乱れ、さらにメラニンが生成されると、皮膚の奥にたまっていく。

2-2 化学の力で肌を守るしくみ（スキンケア）

●肌と健康

　人が健康で美しい姿を保つためには、食べ物や生活習慣によって健康な体をつくり、体から身を守ることが基本です。さらに、暑さ寒さや乾燥、紫外線や微生物など、外部の自然環境の影響から身を守ることも大切です。肌の健康は、わたしたちの体にもともと備わっている防御機能をいかに発揮させるか、あるいはいかに取り戻せるかにかかっていると言えます。そのために、スキンケアの果たす役割は大きいのです。

　皮膚表皮の角層細胞の間にある細胞間脂質は、約半分がセラミドで、そのほかにコレステロール、脂肪酸などからなり、水と脂質の薄い層が交互に重なるラメラ構造を形成して、水分の蒸散を抑制し、皮膚バリア機能を担っています（図2-2-1）。表皮細胞（ケラチノサイト）は最終的に角層細胞をつくり出しますが、この角層細胞内にある天然保湿成分（NMF）は水分を保持し、細胞間脂質による皮膚バリア機能とともに、皮膚の保湿や柔軟性を維持させています。

●紫外線防御

　紫外線（UV）は、DNA損傷やタンパク質への直接的なダメージと、活性酸素による傷害を与えます。波長190〜290nmのUVCは成層圏オゾン層で吸収散乱されて地表には到達しませんが、それ以上の波長のUVは地表に到達し、290〜320nmのUVBは皮膚に炎症性の紅斑を引き起こし、320〜400nmのUVAは皮膚の深部まで到達し、皮膚老化を引き起こします。

　紫外線から皮膚を守る紫外線吸収剤や紫外線散乱剤などを配合して開発された紫外線防御剤（表2-2-1）が、サンスクリーン（日焼け止め）として販売されています。活性酸素種は、酸素分子がより反応性が高い化合物（一重項酸素、スーパーオキシドなど）に変化したもので、体内だけでなく、紫外線によってもつくられます。これはメラニン生成を促進し、色素沈着を起こ

させるので、それを防ぐアスコルビン酸（ビタミンC）などの抗酸化剤が美白剤として使用されてきました。

図 2-2-1　細胞間脂質の構造

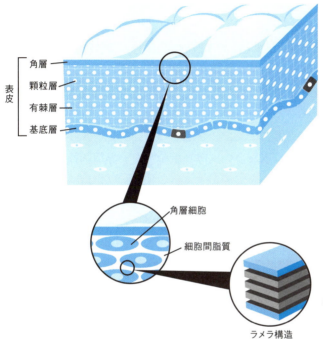

細胞間脂質が角層細胞をつなぎあわせる役目をして、水分を逃がさないようにしている。

表 2-2-1　紫外線防御剤の成分例

紫外線吸収剤	パラメトキシ桂皮酸オクチル
	サリチル酸オクチル
	ベンゾフェノン誘導体
	パラアミノ安息香酸
紫外線散乱剤	酸化亜鉛
	酸化チタン

2-3 皮膚洗浄剤の配合

●ボディソープの配合

古くから身体を洗うために使われてきた固形石けん（脂肪酸ナトリウム）は、水中のカルシウムイオンなどの硬度成分イオンと結合して石けんカスを生成し、洗浄効果が低下します。固形石けんを使い込むと泡立ちが低下する理由のひとつです。

一方、液体のボディソープには、アミノ酸誘導体、アルキルリン酸塩、ラウリルエーテル硫酸エステル塩などの皮膚刺激の少ない界面活性剤が使われたり、保湿成分が添加されたりしています。ボディソープには、液体石けん成分だけの製品もありますが、このタイプには、石けんカスを分散する両性界面活性剤などを配合して欠点を改良し、低温安定性も向上させています。

●洗顔料の配合

洗顔料も基本的にはボディソープと同じ配合になります。液体石けん（脂肪酸カリウム）ベースの弱アルカリタイプ（図 2-3-1）と、アミノ酸誘導体やアルキルリン酸塩を使用する中性タイプがあります。弱アルカリタイプはすすぎのよさ、さっぱり感などが、中性タイプはしっとり感が得られます。

●メイク落とし（クレンジング）の配合

メイク落としには、クリーム、オイル、ジェル、シート、リキッドなど多くの剤型があります。オイルクレンジングは、流動パラフィンやエステル油に乳化剤を配合することで、マスカラも十分に落とすことができます。ソルビタン脂肪酸エステルやポリオキシエチレン硬化ヒマシ油などの非イオン界面活性剤を配合して、水が混入しても洗浄力が低下しないようにしているものもあります。

●ハンドソープの配合

ハンドソープには固形タイプもありますが、一般的に液体タイプが多く、液体石けんベースやポリオキシエチレンアルキルエーテル硫酸塩ベースに、殺菌・抗菌剤（表2-3-1）を配合しています。

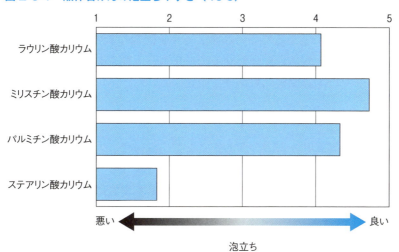

図2-3-1 液体石けんの泡立ちやすさ（40℃）

表2-3-1 殺菌・抗菌剤の例

種　類	具体例
安息香酸類	安息香酸塩、パラヒドロキシ安息香酸エステル
塩化アルキルジアミノエチルグリシン	
フェノキシエタノール	
イソプロピルメチルフェノール*	
トリクロロヒドロキシジフェニルエーテル	トリクロサン*
第四級アンモニウム塩	塩化ベンザルコニウム*、塩化ベンゼトニウム、塩化セチルピリジニウム（CPC）、セチルリン酸化ベンザルコニウム*
グルコン酸クロロヘキシジン*	
トリクロロカルバニリド	TCC*
メチルイソチアゾリノン類	メチルイソチアゾリノン、メチルクロロイソチアゾリノン

＊ハンドソープによく使用される殺菌・抗菌剤

2-4 化粧水、乳液、クリームの配合

●化粧水の配合

　化粧水は、角層に水分や保湿成分を補給し、皮膚の水分バランスを保つことで整肌します。精製水に、グリセリンのような多価アルコールなどの保湿成分を加え、清涼感を与えるためにエタノールを配合しています（表2-4-1）。皮膚に潤いと柔軟性、栄養分を保たせるエモリエント性を高めるために、油分を多くふくませた半透明製品もあります。

●乳液の配合

　乳液は、化粧水とクリームの中間的性質を持つもので、エマルション（乳濁液）になっています。精製水に、保湿成分としてグリセリン、ソルビット、ブチレングリコールなどを配合し、保湿成分や油分を皮膚に補給するために、炭化水素、油脂、ろう、高級脂肪酸、高級アルコール、エステルなどが配合されています。また、紫外線吸収剤を配合した日焼け止め効果のある製品もあります。

●クリームの配合

　クリームは、水分と油分に保湿剤を配合した、半固形クリーム状のエマルションで、使用目的と成分は乳液とほぼ同じです。水中油型（O/W型）エマルションには親水性界面活性剤が、油中水型（W/O型）エマルションには親油性界面活性剤がおもに使用されます。油分が10～20%のバニシングクリーム、30～50%のエモリエントクリーム（栄養クリーム、ナイトクリーム、モスチャークリーム）（表2-4-2）、50%以上のw/o型クリームはコールドクリームと呼ばれます。油分が多いとベタつきがでてきますが、乳化法の工夫でさっぱりとした使用感のクリームもつくられています。

表 2-4-1　化粧水の配合例と成分のはたらき

成分	配合率（%）	はたらき
グリセリン	4.0	保湿
ブチレングリコール	6.0	保湿
オレイルアルコール	0.1	エモリエント
ポリオキシエチレンソルビタンラウリン酸エステル	0.5	可溶化
ポリオキシエチレンラウリルエーテル	0.5	可溶化
エタノール	10.0	清涼
香料、防腐剤、酸化防止剤、緩衝剤	適量	
精製水	78.9	

表 2-4-2　エモリエントクリームの配合例と成分のはたらき

成分	配合率（%）	はたらき
ステアリルアルコール	6.0	エモリエント
ステアリン酸	2.0	
水添ラノリン	4.0	
スクワラン	9.0	
オクチルドデカノール	10.0	
ブチレングリコール	6.0	保湿
ポリエチレングリコール	4.0	保湿
ポリオキシエチレンセチルエーテル	3.0	乳化剤
モノステアリルグリセリン	2.0	乳化剤
防腐剤、酸化防止剤、香料	適量	
精製水	54.0	

2-5 化学の力で髪を守るしくみ

●毛髪の構造と毛髪を守るしくみ

毛髪は、皮膚表面に出ている毛幹と皮膚内部に入り込んでいる毛根に分けられます。毛根の下の毛球の中央部に毛乳頭があり、ここに毛細血管や神経が入り込んで栄養や酸素を取り入れ、毛髪の発生や成長をつかさどっています。毛乳頭に接したところに、毛髪をつくる毛母細胞と毛髪に色をつけるメラノサイトがあり、毛母細胞が成長分化して毛髪ケラチンを形成します（図2-5-1）。また、毛髪の外側にはウロコ状に重なったキューティクルがあり、内側の毛皮質（コルテックス）を保護しています。ケラチンタンパク質でつくられているキューティクルは摩擦に弱いため、ブラッシングやシャンプーによって傷ついたり剥がれたりします（図2-5-2）。

毛髪の大部分は、シスチンを多くふくんだケラチンタンパク質で、皮脂腺から分泌される皮脂で保護されています。この皮脂は毛髪内部の脂質と大きな違いはなく、脂肪酸、コレステロールエステル、ワックスエステル、グリセリンエステル、スクワレンなどが主成分です。また、毛髪はペプチド結合やシスチン結合（ジスルフィド結合）、イオン結合、水素結合などでその形を保っています。

毛髪の損傷は、パーマやヘアカラーなどの美容施術によっても起こるほか、紫外線、乾燥、ドライヤー熱などによっても起こるため、ヘアトリートメントなどによって十分ケアする必要があります。コンディショナーやトリートメントには、毛髪の最表面にある18-メチルエイコサン酸成分のはがれを補給するはたらきがあります。シャンプーにもカチオン化セルロースやカチオン化グアーガムのようなカチオン化高分子を配合することで、それらと陰イオン界面活性剤や高級アルコールからなる会合体が毛髪に吸着します。そうすることで静電気を防ぎ、すすぐ時の摩擦を減らすことができます。

図 2-5-1　毛髪の構造イメージ

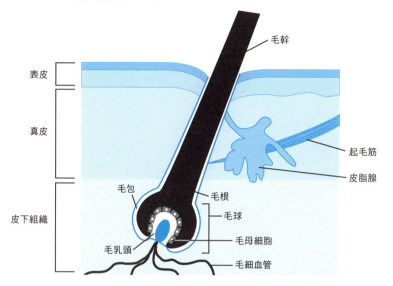

図 2-5-2　健康な毛髪と痛んだ毛髪のキューティクル

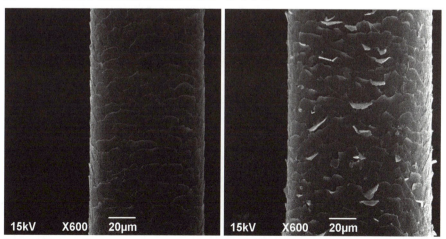

健康な毛髪のキューティクル。　　　　痛んだ毛髪のキューティクル。

(写真提供：公益社団法人 日本毛髪科学協会)

2-6 シャンプー、コンディショナー、トリートメントの配合

●シャンプーの配合

　シャンプーには、適度な洗浄力、豊かな泡立ち、洗髪時の摩擦の減少、洗髪後の毛髪のツヤと柔軟性、高い安全性などが要求されます。界面活性剤としては、ポリオキシエチレンアルキルエーテル硫酸塩（AES）などのアニオン（陰イオン）系やアルキルベタインなどの両性系がおもに使われ、これにカチオン（陽イオン）化高分子が配合されます（表2-6-1）。リンスインシャンプーでは、カチオン化高分子のほか、カチオン界面活性剤も配合されます。

●コンディショナー（リンス）の配合

　コンディショナーには、毛髪に吸着することで、その表面をなめらかにしてくし通りをよくする第4級アンモニウム塩や第3級アミドアミンなどのカチオン（陽イオン）界面活性剤がおもに使われます（図2-6-1）。また、過度に脱脂された毛髪に必要な油分も添加します。

　「高級アルコール－カチオン界面活性剤－水」で、ラメラ構造のゲル状になるため、乳液状やクリーム状のリンスになります。近年コンディショナーには、シリコーン誘導体が加えられることもありますが、使い続けると毛髪に蓄積して感触が悪くなったり、パーマがかかりにくくなったりします。

●トリートメントの配合

　トリートメントは、コンディショナーよりさらに強く毛髪に柔軟性を付与するもので、油分の種類と量を調整してつくられます。ヘアオイル、乳化型のヘアクリーム、ヘアスプレー、枝毛コートなどの種類があります。ヘアクリームは比較的さっぱりした使用感で、油脂、脂肪酸、高級アルコール、エステル、シリコーン、乳化剤、多価アルコールなどが配合され、油分のコンディショニング効果と水分の補給効果を兼ね備えています。

表 2-6-1　シャンプーの配合例

成分	配合率（%）
ラウリルエーテル硫酸エステルナトリウム（30%）	20.0
ラウリルエーテル硫酸エステルトリエタノールアミン（30%）	10.0
ラウリル硫酸エステルナトリウム（30%）	5.0
ラウロイルモノエタノールアミド	3.0
ラウリルジメチルアミノ酢酸ベタイン（35%）	7.0
カチオン化セルロース	0.2
エチレングリコールジステアリン酸エステル	2.0
タンパク質誘導体	0.5
香料、防腐剤、キレート剤、pH調整剤	適量
精製水	52.3

図 2-6-1　シャンプーとコンディショナーの界面活性剤のはたらき

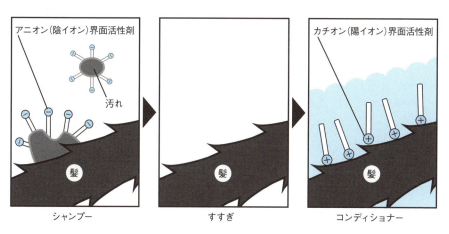

2-7 整髪料、染毛剤の配合

●整髪料の配合

　整髪料は、毛髪の汚れを除去した後、毛髪をセットする製品です。毛髪の光沢や感触、質感を改善するヘアトリートメントを重視するタイプもあります。液状、泡状、クリーム、固形などの剤型があり、ヘアウォーター、ヘアフォーム（ムース）、ヘアワックス、ヘアスプレーなどの商品名で販売されています。

　ヘアウォーターは、カチオン（陽イオン）界面活性剤やアルコールなどを配合し、寝ぐせを直してしっとりさせるもので、セット力はあまりありません。ヘアフォームは、シリコーン油にカチオン化セルロース、非イオン界面活性剤などを配合して、なめらかさとつやを与えるタイプから、皮膜形成ポリマーを配合した高い整髪能力を持つタイプまで幅広くあります。これはリキッドやポマードなどのようなべたつきをなくして、自然な髪の流れと感触を求める消費者の要望に応えて生まれたものです。

●染毛剤（ヘアカラー）の配合

　染毛剤には、白髪染めとおしゃれ染めがあり、またその効果によって、一時染め、半永久染め、永久染めに分けられます。染毛剤の作用は、液剤が毛髪の最外層部との濡れ・吸着をすることから、キューティクル（毛小皮）、コルテックス（毛皮質）への浸透・拡散が起こります（図2-7-1）。

　一時染めには、毛髪最外層に顔料または染料を油脂で付着させるカラースティック、水溶性ポリマージェルで付着させるカラージェル、高分子で付着させるカラームースやカラースプレーがあります。半永久染めは、アゾ系などの酸性染料をキューティクル内に浸透させ、イオン結合で染色します。液状、ジェル状、クリーム状があり、溶剤にベンジルアルコールが使われます。永久染めは、酸化染料を毛髪内に浸透させ、同時に過酸化水素を作用させて酸化重合し、コルテックス内に沈着させます（図2-7-2）（表2-7-1）。

図 2-7-1 染毛剤の作用

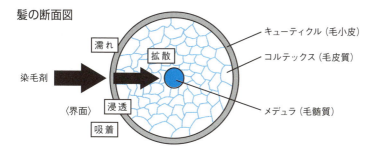

図 2-7-2 染毛剤の種類による染まり方

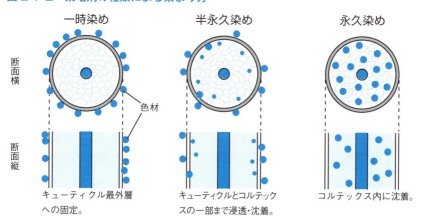

表 2-7-1 永久染め染毛剤の配合例

成分	配合率（％）
パラフェニレンジアミン	3.0
レゾルシン	0.5
オレイン酸	20.0
ポリオキシエチレンオレイルエーテル	15.0
イソプロピルアルコール	10.0
アンモニア水（28％）	10.0
酸化防止剤	適量
精製水	適量
キレート剤	適量

2-8 化学の力で美しく見せるしくみ

●ファンデーションの目的

古くからお化粧には白粉（おしろい）が使われてきましたが、現在はファンデーションがベースメイクとして使われています。もともと、シミやソバカスを隠すのが白粉を使う目的でしたが、ファンデーションが現れてからは、皮脂による光沢を消し、化粧もちをよくすることが主目的になっています。

●メイクアップの種類と配合

ポイントメイクアップには、口紅、ほほ紅、アイライナー、マスカラ、アイシャドー、アイブロウ、ネイルエナメルなどがあり、これらは、顔料を種々の基剤中に分散させたものです。基剤には、流動パラフィン、ワセリン、ワックス類、スクワラン、エステル、グリセリンなどが使われます。顔料は、着色顔料、白色顔料、真珠光沢を与えるパール顔料や、着色顔料の希釈剤で色調を整え、肌への伸展性・付着性・使用感・光沢などの仕上がりを調整する体質顔料があります。体質顔料としては、タルクやマイカに加えて、球状シリカ、アルミナ、ナイロン、ポリエチレン、ポリスチレン、ポリメチルメタクリレートなどの高分子球体があります（表2-8-1）。

メイクアップ化粧品は、顔料と基剤を混合して使用するため、顔料の表面活性を封鎖することも重要です。たとえば、酸化チタンはシリカで表面処理して活性を封じています。顔料は表面活性の封鎖だけでなく、肌への付着性を上げるための表面処理や汗による化粧くずれの防止のために、金属石けん、脂肪酸、高級アルコール、シリコーンなどによる撥水処理なども行われています。また、微細化による吸水量や吸油量の向上も図られています。

ベースメイクで肌を整えた後、各部位の色彩、立体感などを強調し、全体の調和を図りながら自己表現をします（表2-8-2）。

表 2-8-1　メイクアップに使われる顔料の成分

種別	粉体
着色顔料	有機：β-カロチン、カルミン、クロロフィル 無機：ベンガラ（酸化鉄赤）、群青、カーボンブラック
白色顔料	酸化チタン、亜鉛華
パール顔料	魚鱗箔、雲母チタン
体質顔料	タルク、マイカ、カオリン、シリカ、アルミナ、炭酸カルシウム、炭酸マグネシウム、ステアリン酸 Mg,Ca,Al、ミリスチン酸亜鉛、高分子球体

表 2-8-2　仕上げ化粧品の主成分と助剤

種別	仕上げ化粧品	主成分	助剤
ベースメイクアップ	ファンデーション	無機顔料	油性成分、保湿成分、パール剤
	白粉（おしろい）	体質顔料	白色顔料、着色顔料
ポイントメイクアップ	口紅	色材（タール色素Ⅰ・Ⅱ、ベンガラ、黄酸化鉄、酸化チタン、雲母）	油性成分（ワックス、ヒマシ油、高級アルコール、エステル）
	アイメイクアップ	着色顔料	油性成分
	頬紅	色材	油性成分
	ネイルエナメル	皮膜形成高分子（ニトロセルロース、アルキッド樹脂）	顔料、揮発性溶剤

2-9 ファンデーション、口紅の配合

●ファンデーションの配合

ファンデーションには、粉末タイプ、油分散タイプ、乳化タイプがあり、肌色の補正、質感の修正、シミ・ソバカスなどのカバー、紫外線からの保護、トリートメント性の付与などの機能を持っています。

粉末タイプのパウダリーファンデーションは、着色顔料とそれを分散させる体質顔料、白色顔料に加えて、結合剤、香料などからなっています（表2-9-1）。結合剤には、油脂、鉱油、エステル、シリコーン油などが使用され、粉体顔料の吸油特性を考慮して配合量が決められています。光沢のある仕上がりに寄与する板状の体質顔料と、光を拡散反射する球状シリカや高分子球体の配合量がファンデーションの仕上がりに大きく影響します。

油分散タイプには、スティック状とコンパクト状があり、高い被覆力が特徴です。油性基剤なのでベタつかないように工夫がなされています。

乳化タイプの中で、水相に油相を乳化・分散させた水中油（O/W）型は、高いトリートメント性があります。クリームとリキッドがあり、アクリル・シリコーン共重合体などの高分子が皮膜形成剤として使われます。

●口紅の配合

口紅は、ワックス・色材・油剤をふくむ融液をスティック状に固めてつくられます。ワックスには、カルナバロウ、ミツロウ、キャンデリラロウ、木ロウなどのワックス類や、固形パラフィンなどの炭化水素類が使われます。

色材には、化粧品用色素、二酸化チタン、ベンガラなどの染料や顔料が使われ、油剤には、ラノリン、ヒマシ油、ワセリン、エステルなどが使用されます。落ちにくく、コップなどに付着しにくい膜タイプの口紅には、皮膜剤として高分子アルギン酸やシリコーンが使われています（図2-9-1）。

表2-9-1 パウダリーファンデーションの配合例

種別	成分	配合率（%）
粉体顔料	タルク	20.3
	マイカ	35.0
	カオリン	5.0
	二酸化チタン	10.0
	ステアリン酸亜鉛	1.0
	ベンガラ	1.0
	黄酸化鉄	3.0
	黒酸化鉄	0.2
	ナイロンパウダー	10.0
結合剤	スクワラン	6.0
	酢酸ラノリン	1.0
	ミリスチン酸オクチルドデシル	2.0
	ジイソオクタン酸ネオペンチルグリコール	2.0
	モノオレイン酸ソルビタン	0.5
その他	防腐剤、酸化防止剤、香料	適量

図2-9-1 落ちにくく、付着しにくい口紅の配合としくみ

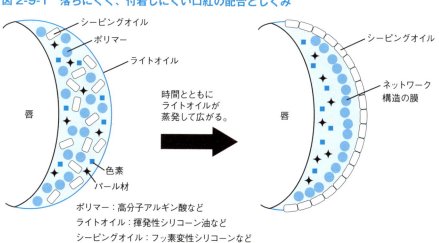

ポリマー：高分子アルギン酸など
ライトオイル：揮発性シリコーン油など
シーピングオイル：フッ素変性シリコーンなど

❗ 薬事法（医薬品医療機器等法）と家庭用品品質表示法

「医薬品」「医薬部外品」「化粧品」の定義は、薬事法総則において定められており、その中で、医薬部外品は、「人体に対する作用が緩和で、①吐き気その他の不快感または口臭もしくは体臭の防止、②あせも、ただれ等の防止、③脱毛の防止、育毛または除毛、④人または動物の保健のためにするねずみ、はえ、蚊、のみ等の駆除または防止、を目的に使用されているもの」と定められています。

医薬部外品には、以前から衛生用の紙綿類、にきび・肌荒れ等の防止剤、皮膚・口腔殺菌清浄剤、薬用化粧品、薬用歯磨きや、ひび・あかぎれ・あせも等の改善薬、染毛剤、パーマネントウエブ用剤、浴用剤などが指定されていました。平成11年に、外皮用剤、ビタミン剤、カルシウム剤などが「新指定医薬部外品」に指定され、また平成16年には、いびき防止薬、うがい薬、健胃薬、殺菌消毒薬、消化薬、整腸薬、保健薬などが「新範囲医薬部外品」に指定されました。これらは規制緩和によって、医薬品から医薬部外品に変わった製品です。医薬部外品には、おだやかな薬理作用が認められた有効成分が配合されており、その効能効果を表示することができます。

化粧品は、「人の身体を清潔にする、人の身体を美化し魅力を増し容貌を変える、人の皮膚や毛髪を健やかに保つ」というようなはたらきのあるものと規定され、生理的な作用や薬効を期待するものではありません。それが医薬部外品との違いです。厚生労働省の告示で規定された成分ごとの使用量の上限の範囲で使用する限り、「品目ごとの許可」は取る必要はありませんが、都道府県知事への届出が必要で、かつ、製品に全成分を表示する必要があります。

なお、合成洗剤、洗濯用または台所用石けん、住宅用または家具用の洗浄剤、漂白剤、磨き剤などは、家庭用品品質表示法で対象とされる家庭用品の中の「雑貨工業品」にふくまれ、表示の基準が定められています。

第3章

健康に役立つ化学製品

男女とも、平均余命が80歳を超えた今日の日本では、
「健康」に対する関心がますます高まっています。
健康に役立つ化学製品のなかでもっとも重要なことは
医薬品の研究開発ですが、歯みがきや絆創膏など、
私たちの生活の中で日々使われている
身近な化学製品もあります。
本章では、それらのしくみについて解説しています。

3-1 化学の力で歯を守るしくみ

●むし歯とその予防

　私たちの口の中には、およそ300〜500種類の細菌が住んでいます。歯のブラッシング不足による磨き残しやダラダラ食べがあると、細菌（ミュータンス菌）がネバネバした物質（グリコカリックス）をつくり出し、歯の表面に歯垢（プラーク）がくっつきます。そして、この歯垢に多量の細菌が住みつき、むし歯や歯周病を引き起こします。

　歯垢はそのままにしておくと硬くなり、歯石に変化して歯に強固に付着します。歯石とそのまわりにはさらに細菌が入り込み、歯周病を進行させます。増殖した細菌は糖から酸をつくり出し、歯の構成成分であるハイドロキシアパタイトをカルシウムとリン酸に分解してむし歯（う蝕）になります（図3-1-1）。むし歯を予防する有効成分としてフッ化物イオンがありますが、これはヒドロキシアパタイトをフッ素化して酸に対する抵抗性を増大させたり、再石灰化を促進させたりすると言われています。加齢によって歯肉が下がると、歯の根元の歯質が弱い象牙質が現れ、むし歯になりやすくなります。

●歯周病とその予防

　歯周病は、歯垢の中の細菌によって歯肉に炎症を引き起こし、やがて歯を支えている骨を溶かしていく病気です。歯周病は、歯周病菌や喫煙、口内清掃不良や歯垢の付着、ストレス、食生活などの良くない生活習慣、加齢、糖尿病、高血圧などの病気によってかかりやすくなると言われています。炎症が起きた歯肉が血管の拡張などにより赤くはれることにより歯と歯肉の間に歯周ポケットができ、歯垢がさらにたまりやすくなって炎症が進行し、歯周組織が破壊されます（図3-1-2）。これを予防するためには、歯垢の除去、細菌の増殖の抑制、歯肉の血行促進が有効とされています。

図 3-1-1　むし歯のできるようす

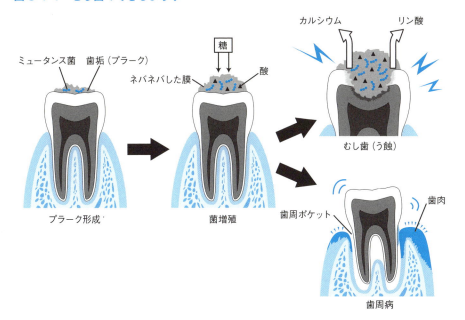

図 3-1-2　正常な歯周組織

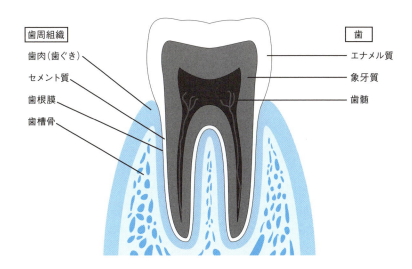

3-2 歯みがき、洗口剤の配合

●歯みがきの配合

　むし歯や歯周病の予防には、歯磨類、口中清涼剤などがあります。歯磨類は歯ブラシを併用する歯磨剤と、歯ブラシを使わない洗口剤に分けられ、歯磨剤には粉、半練、練、液状、液体の剤型があります。

　歯磨剤には、研磨材、洗浄剤（発泡剤）、殺菌剤などが配合されています。研磨材には炭酸カルシウムやリン酸水素カルシウムなど、洗浄剤にはラウリル硫酸ナトリウムやラウロイルサルコシンナトリウム、殺菌剤には塩化セチルピリジニウム（CPC）やイソプロピルメチルフェノール、トリクロサン、クロールヘキシジンなどが使われます。このほか、歯質強化、再石灰化促進にモノフルオロリン酸ナトリウムやフッ化ナトリウム、抗炎症にグリチルリチン酸塩やトラネキサム酸、歯石形成防止にポリリン酸塩、ヤニの溶解にポリエチレングリコールなどが使われます（表3-2-1）。

●洗口剤の配合

　洗口剤には、粉末と液体（原液タイプと濃縮タイプ）があります。口中を浄化し、口臭を防止し、口中を爽快にする機能があり、さらにむし歯予防や歯周病を予防する薬効成分を配合しているものもあります。

　液体洗口剤の配合成分としては、エタノールなどの溶剤、グリセリンなどの湿潤剤、ポリオキシエチレン硬化ヒマシ油やラウリル硫酸ナトリウムなどの可溶化剤、サッカリンナトリウムやメントールなどの香味剤、パラオキシ安息香酸エチルや安息香酸ナトリウムなどの保存料、リン酸塩やクエン酸塩などのpH調整剤などがあります（表3-2-2）。

　なお、液体洗口剤は歯ブラシを使わずに口にふくんですすぐもの、液体歯みがきは歯ブラシを使ってブラッシングを行うものに定義され、それぞれ製品には、「洗口液」「液体ハミガキ」と表記されます。

表 3-2-1　練歯みがきの配合例

成分	配合率（%）	はたらき
第二リン酸カルシウム・二水塩	45.0%	研磨
無水ケイ酸	2.0%	研磨
グリセリン	15.0%	湿潤
カルボキシメチルセルロース	1.0%	粘結
カラギーナン	0.3%	粘結
ラウリル硫酸ナトリウム	1.5%	洗浄（発泡）
サッカリンナトリウム	0.1%	香味
パラオキシ安息香酸エチル	0.01%	保存
香料	適量	香味
殺菌剤	適量	殺菌
精製水	残量	－

表 3-2-2　液体洗口剤の配合例

成分	配合率（%）	はたらき
エタノール	15.0%	溶剤
グリセリン	10.0%	湿潤
ポリオキシエチレン硬化ヒマシ油	2.0%	可溶化
サッカリンナトリウム	0.15%	香味
安息香酸ナトリウム	0.05%	防腐
リン酸二水素ナトリウム	0.1%	pH調整
香料、着色料	適量	香味
精製水	残量	－

3-3 歯ブラシの構造としくみ

●歯ブラシの構造

　一般に、私たちが「歯磨き」を行うときには、歯みがきと歯ブラシを使います。歯みがきが、むし歯や歯周病予防に果たす化学的役割は前述のとおりですが、通常の歯磨きにおいて、歯ブラシは歯の表面や歯間の歯垢をブラッシングによりかき出す物理的役割を担っています。

　昔の歯ブラシは、木製の柄にブタやウマの獣毛を植毛したものが用いられていましたが、今日では、プラスチックの柄（ハンドル）のヘッド部分に、プラスチックの毛（フィラメント）を「平線」と呼ばれる真鍮で留める方法で植毛したものが一般的です（図 3-3-1）。

●ハンドルとフィラメント

　ハンドルの材質には、ポリプロピレンや PET（ポリエチレンテレフタレート）が使われ、射出成形により製造されます。ポリプロピレンとエラストマーとの二重成形によりブラッシング時の弾力性を持たせたものもあります。また、フィラメントを植毛する「ヘッド」の大きさにも、「レギュラー」「コンパクト」など種類があります（図 3-3-2）。

　一方、フィラメントの材質は、ナイロン（PA、ポリアミド）が大半を占め、製造工程の中で「ストレートカット」「山切りカット」などの加工が施されます。また、歯垢をかき出す効果を高めるために、ナイロンフィラメントをらせん状に撚った「スパイラル毛」と呼ばれるものもあります。さらに、PET 素材の「極細毛」は、薬品によりその先端を細くすることにより、歯間や歯肉溝の歯垢をかき出しやすくなっています（図 3-3-3）。

　ハンドルとフィラメントは、使う人の年代や主目的によって、さまざまな組み合わせが用意されており、歯ブラシはその小さな体に化学の力が詰まった製品ということができます。

図 3-3-1　歯ブラシの構造と植毛機

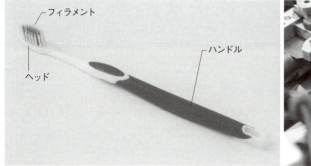

(写真提供：㈱ UFC サプライ)

図 3-3-2　ハンドルの種類

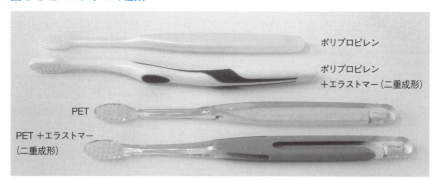

(写真提供：㈱ UFC サプライ)

図 3-3-3　フィラメントの種類

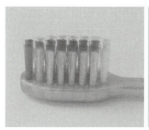

ナイロン毛　　　　　　スパイラル毛　　　　　　極細毛

(写真提供：㈱ UFC サプライ)

3-4 化学の力で熱を下げるしくみ

●気化熱により熱を下げるしくみ

発熱した頭部などを冷却する目的で、古くから氷のうや氷枕が使われてきました。これは、熱が高い方から低い方へ熱移動することで皮膚温度を下げるしくみを利用した方法です。

このしくみを応用して、不織布からなるシート状基材に冷却用のゲル状液体を塗布した冷却シートが市販されています。この冷却シートは、ジェルにふくまれた水分の気化熱で皮膚温度を下げるもので、水分をたっぷりふくませることで冷却効果が長く持続します（図3-4-1）。冷却シートには、紙おむつなどに使われているポリアクリル酸ナトリウムのような吸水ポリマーと、粘着剤としてポリビニルアルコールなどが配合されており、冷蔵庫で冷やして使用すると効果が増します。濡れタオルも水分の気化熱を利用するという原理は同じですが、水とともに空気をふくんでいるため、熱の発散を妨げ冷却効果が持続しない欠点があります。冷却シートは、発熱時にひたいに当てるだけでなく、打撲やねんざした足などの患部の応急的冷却や、スポーツ後の筋肉痛などのクールダウンにも使用できます。

●吸熱反応により熱を下げるしくみ

冷却まくらには、硝酸アンモニウム、リン酸水素二ナトリウム、リン酸水素二アンモニウムや尿素のような物質が、水に溶解する時に吸熱するしくみを利用したものがあります（図3-4-2）。「冷却パック」などの製品名で市販され、急な使用時に氷や冷水を準備する必要がないうえに、氷ほど冷えすぎず、水よりも冷却感が得られます。

図 3-4-1　気化熱により熱を下げるしくみ（冷却シートイメージ図）

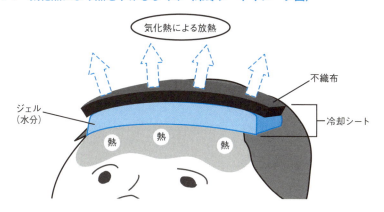

図 3-4-2　吸熱反応により熱を下げるしくみ（冷却パックイメージ図）

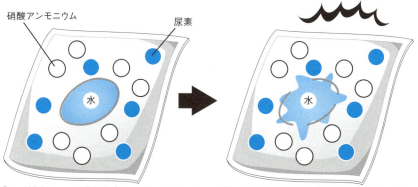

①二重構造になった袋の内袋は、衝撃により破れやすいアルミなどでつくられ、水が入っている。外袋には硝酸アンモニウム・尿素が入っている。

②必要なときに、袋をたたくと、内袋が破れ、吸熱反応が始まる。

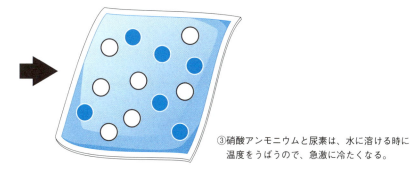

③硝酸アンモニウムと尿素は、水に溶ける時に温度をうばうので、急激に冷たくなる。

3-5 冷却まくら、熱冷却シート

●冷却まくらの種類としくみ

　古くから使われてきた氷のうや氷枕は、冷却持続時間が短いうえに温度調節ができないという不便さがありました。その不便さを解決するために冷却まくらが開発されたのです。

　冷却まくらは、その冷却効果を得るしくみの違いで大きくふたつに分類されます。そのひとつは、まくらの内部に水などの液体を入れたものを冷凍させ、その気化熱によって冷却効果を得るものです（図 3-5-1）。

　ふたつめは、水に溶解する際に熱を吸収する硝酸アンモニウム、尿素などの物質を冷却剤として外袋に、水を内袋に入れた二重構造とし、使用時に袋に力を加えて水を冷却剤に接触させて吸熱溶解させるものです（表 3-5-1）。熱電気素子（ペルチェ素子）を利用するものも開発されていますが、電源を必要とするのが欠点です。

●熱冷却シートの配合

　熱冷却シートは、不織布やニットに含水系粘着基剤を塗布し積層したシートが知られており、ゲル化剤としてアルギン酸ナトリウム、トラガントガムなどの天然多糖や、ポリアクリル酸塩、カルボキシメチルセルロース、ポリビニルアルコールや N-ビニルアセトアミド重合体などの高吸水性樹脂が基材成分として使用されています。また架橋剤としてアルミニウム、マグネシウム、カルシウムなどの多価金属類の塩が配合されます。ほかに、各種界面活性剤、グリセリンやグリコール類などの多価アルコール、カオリンや酸化亜鉛などの無機粉体などを配合することもあります。

　ゲル基体層の最外表面には、使用時に剥離して除くポリエチレンやナイロンなどのフィルムが設けられています（図 3-5-2）。

図 3-5-1　冷却まくらにより熱を下げるしくみ

表 3-5-1　各種物質の水への溶解における吸熱量

物質	吸熱量
硝酸アンモニウム	26.0kJ/mol
尿素	15.0kJ/mol
リン酸水素二ナトリウム・12水和物	95.0kJ/mol
硝酸カリウム	34.9kJ/mol
塩化ナトリウム	3.9kJ/mol

図 3-5-2　熱冷却シートによる冷却のしくみ

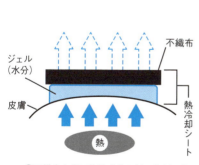
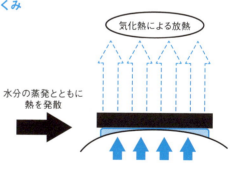

①不織布などに基材成分のゲル化剤や高吸水性樹脂を貼り合わせた構造になっている。

②基材にふくまれた水分が、皮膚との温度差により気化熱となって放熱されることで皮膚温度を下げる。

3-6 化学の力で傷を守るしくみ

●救急絆創膏の定義

　私たちが、軽度のすり傷や切り傷を負ったときは、救急絆創膏を使うことが一般的になりました。そのほとんどは、粘着剤が塗布されたプラスチックシート基材に、傷の被覆・保護、傷口の皮膚接合などのために、不織布などのパッドがついています。薬事法では、私たちが「救急絆創膏」と呼ぶ製品を「身体の部位に用いる、接着剤を付した布製又はプラスチック製等の各種形状の絆創膏材」と定められています。

●救急絆創膏の区分

　救急絆創膏は、薬事法（医薬品医療機器等法）によって「医薬品」「医薬部外品」「医療機器」の3つの種類に区分されています。その違いは、おもに成分や効能・効果になるため、使用目的による使い分けが必要になります。

　「医薬品」「医薬部外品」に区分されるものには、パッド部分に一定濃度のアクリノールのほか、塩化ベンザルコニウムなどの殺菌消毒薬がふくまれているため、殺菌消毒効果があります。

　一方、もっとも多くの救急絆創膏は、「医療機器」に区分されています。パッド部分に薬剤がふくまれておらず、患部の保護がおもな目的です。

●モイストヒーリング（湿潤療法）

　患部を湿ったまま密封する傷のケア方法を「モイストヒーリング（湿潤療法）」と呼びます。傷口から出てくる透明な液体（体液）には、細胞の成長や再生を促す成分がふくまれており、その体液を傷口に保持することで、人間が本来持っている自然治癒力を引き出す方法が、モイストヒーリングです。

　近年、この方法により、傷を早く治し、傷跡が残りにくいしくみの救急絆創膏が開発されています（図3-6-1）。

図 3-6-1　ドライヒーリングとモイストヒーリング

ドライヒーリング

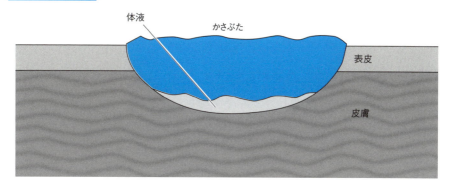

①傷口が空気に触れると、体液が乾燥したり細胞が死んだりすることで、かさぶたとなって傷口をふさぐ。
②かさぶたの下に残されたわずかな体液では、傷の治りは遅い。

モイストヒーリング

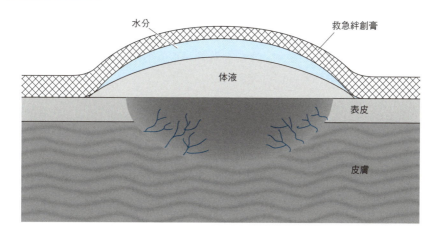

①傷口の乾燥を防ぐため、体液が十分保たれた「湿潤環境」が維持される。
②傷を修復する自然治癒力がはたらき、表皮が再生して、傷が早く治る。

3-7 絆創膏の構造としくみ

●救急絆創膏に使われる基材の種類と特徴

　古くから基材として使われているポリ塩化ビニルは、通気性が低いため、基材全面に穴が開けられたタイプが主流です。また、比較的安価な製品に使われることが多い基材です。

　ウレタン不織布は、伸縮性が高く、肌にフィットするとともに、通気性も兼ね備えた基材として拡がりを見せています。ウレタンフィルムは、高い防水性を確保した基材です。空気や湿気を通しやすいため傷口が蒸れにくく、患部への水の侵入も防ぎます。その他、オレフィンフィルムやスポンジシート、伸縮性綿布などが基材として使用されています。

●救急絆創膏に使われる粘着剤の種類と特徴

　アクリル系粘着剤は、石油を原料とするアクリルが主成分で、透明性、耐候性、耐熱性に優れています。また、低アレルギー性であることも大きな特徴で、ほとんどの救急絆創膏に使われています。

　ゴム系粘着剤は、天然ゴムや合成ゴムを主成分とし、軟化剤やプラスチック、充填剤などが配合されています。安価で粘着特性が調整しやすいなどの特徴がありますが、耐候性や耐熱性はアクリル系に比べ、やや劣ります。

　シリコーン系粘着剤は、耐熱性、耐寒性、耐候性、耐薬品性に優れた粘着剤で、低アレルギー性も実現しています。

　その他、傷口を保護するパッドには、おもに不織布が使われ、「医薬品」「医薬部外品」に区分される製品には、アクリノールなどの薬剤がパッドにふくまれています。

　救急絆創膏は、上記の基材と粘着剤の組み合わせに加えて、サイズ・形状のバリエーションも豊富ですが、一般的な基本構造は、図3-7-1のとおりです。また、その一般的な製造工程は、図3-7-2のとおりです。

図 3-7-1　救急絆創膏の構造

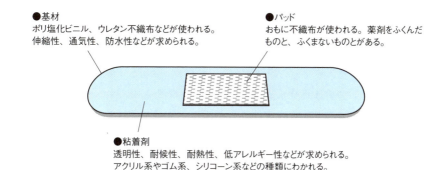

●基材
ポリ塩化ビニル、ウレタン不織布などが使われる。
伸縮性、通気性、防水性などが求められる。

●パッド
おもに不織布が使われる。薬剤をふくんだものと、ふくまないものとがある。

●粘着剤
透明性、耐候性、耐熱性、低アレルギー性などが求められる。
アクリル系やゴム系、シリコーン系などの種類にわかれる。

図 3-7-2　救急絆創膏の製造工程の例

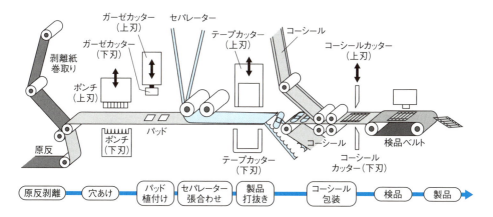

🛈 悪臭と消臭

　悪臭防止法が定める特定悪臭物質は、硫化水素やメチルメルカプタンなどのイオウをふくむ化合物、アンモニアやトリメチルアミンの窒素をふくむ化合物、アセトアルデヒドなどのアルデヒド類、メチルイソブチルケトン、酢酸エチル、イソ吉草酸などの脂肪酸類、イソブタノール、トルエン・キシレン・スチレンなどの芳香族炭化水素類です。トイレ排泄物、タバコ、溶剤、生ゴミ、靴・下駄箱などが発生源となります。最近は、加齢によって出てくる臭気も嫌がられていますが、その成分は、ノネナールと言われています。

　これらの悪臭物質あるいは不快臭の消臭方法としては、①活性炭などの吸着剤による物理的除去、②酸やアルカリ、あるいは酸化剤などによる中和や酸化による化学的除去、③酵素や微生物による生物的除去があります。結合の開裂まで進まなくても、サイクロデキストリンによる包接やポリフェノールなどによる弱い相互作用による除去もあります。また、除去ではありませんが、④香水やオーデコロンのような香料などによるマスキングも効果があります。

　臭気除去には上記の4つの方法がありますが、単独での使用だけでなく、組み合わせによる最適方法を選ぶ必要があります。たとえば口臭ひとつとっても、その原因が体内の病気によるもの、歯周に原因のあるもの、あるいは食べ物によるものなどいろいろあり、その根本の改善が先決です。そのうえで、臭気成分と相互作用のあるサイクロデキストリン、キシリトール、トレハロース、ポリフェノール、ポルフィリンあるいは植物エキスなどをふくむ洗口剤や清涼剤の使用が効果的です。

第4章

ヒトや動植物を守る化学製品

今日、ウイルスや細菌による感染症への対策は、
世界共通の大きな課題であり、
この分野での化学のはたらきは、
医薬品を中心に大変大きなものがあります。
本章では、私たちをおびやかす害虫に対する、
身近な化学製品である殺虫剤や忌避剤のしくみについて
解説しています。

4-1 化学の力で害虫からヒトを守るしくみ

●家庭用殺虫剤が対象とする衛生害虫・不快害虫

地球上には100万種を超えるさまざまな昆虫が生息していますが、そのうち「人間の住み良い環境を直接的、間接的に侵害する昆虫類」を「害虫」と呼んでいます。害虫は、何に、どのような害をおよぼすのかによって分類され、それぞれ関連する省庁や法律も異なります（表4-1-1）。なかでも家庭用殺虫剤は、家庭に生息、侵入する害虫を防ぐ目的で用いられ、おもに「衛生害虫」と「不快害虫」が対象です。感染症を運んだりして、衛生上の損害を与える害虫を衛生害虫と呼びます。不快害虫は、人に対して直接危害を加えたり、形の気味悪さや大発生によって気分を害したりすることのある害虫を指します。衣料害虫、木材害虫、動物外部寄生虫なども家庭用殺虫剤の対象にふくまれます。

●害虫を殺す化学の力

殺虫剤の有効成分には、有機塩素剤、有機リン剤、カーバメート剤、ピレスロイド剤などの種類が存在しますが、家庭用殺虫剤の分野では、ほとんどのものがピレスロイド剤を使用しています。これは、ピレスロイドが、昆虫に対して微量でも高い効力を発揮する一方で、人間などのほ乳類や鳥類にはほとんど無害で、環境にも残りにくいという特徴を持つためです。

ピレスロイドは、除虫菊にふくまれる有効成分ピレトリンと、それに類似する化合物の総称です。大量生産や特性の改良のため、さまざまな合成ピレスロイドが開発され、数多くが実用化されています（表4-1-2）。家庭用殺虫剤は、使用目的や場面に応じて、蚊取り線香、電気蚊取り、エアゾールなど種々の形状（剤型）が開発されています。剤型ごとに、使用される合成ピレスロイドの種類やその他の成分が最適に処方・配合されています。また近年では、揮散性の高い合成ピレスロイドの登場により、ファン式やワンプッシュ式、プレート型などの新しい剤型が生まれています。

表 4-1-1　家庭用殺虫剤の対象害虫と関係省庁・法律など

分類	害虫区分	対象害虫	関係省庁	関係法律など
医薬品 防除用医薬部外品	衛生害虫	ハエ、蚊、ゴキブリ、ノミ、シラミ、トコジラミ、ダニ、マダニなど	厚生労働省	医薬品医療機器等法 (旧薬事法)
雑品	不快害虫	ユスリカ、チョウバエ、アリ、ハチ、ムカデ、クモなど	厚生労働省 経済産業省 国土交通省	化審法、生活害虫防除剤協議会の自主基準
雑品	衣料害虫	イガ、コイガ、ヒメカツオブシムシ、ヒメマルカツオブシムシなど	厚生労働省 経済産業省 国土交通省	化審法*、生活害虫防除剤協議会の自主基準
雑品	木材害虫	シロアリ、キクイムシなど	厚生労働省 経済産業省 国土交通省	化審法、日本しろあり対策協会、日本木材保存協会の自主規則
動物用医薬品 または医薬部外品	動物外部寄生虫	マダニ、ノミなど	農林水産省	医薬品医療機器等法(旧薬事法)の動物用医薬品等取締規則

*化学物質の審査及び製造等の規制に関する法律

表 4-1-2　おもな合成ピレスロイドの特徴と用途

一般名	化学式	特長	おもな用途
ピレトリン(除虫菊)	$C_{22}H_{28}O_5$	速効性	蚊取り線香、エアゾール、粉剤
アレスリン	$C_{19}H_{26}O_3$	熱安定性	蚊取り線香、電気蚊取り
フタルスリン	$C_{19}H_{25}NO_4$	速効性	エアゾール
レスメトリン	$C_{22}H_{26}O_3$	致死効果	エアゾール
フラメトリン	$C_{18}H_{22}O_3$	加熱揮散性	電気蚊取り
フェノトリン	$C_{23}H_{26}O_3$	残効性	粉剤、ゴキブリ用エアゾール、くん煙剤、全量噴射式エアゾール、乳剤
ペルメトリン	$C_{21}H_{20}Cl_2O_3$	残効性	ゴキブリ用エアゾール、くん煙剤、全量噴射式エアゾール、乳剤
エムペントリン	$C_{18}H_{26}O_2$	常温揮散性	衣料用防虫剤
プラレトリン	$C_{19}H_{24}O_3$	加熱揮散性	電気蚊取り
シフェノトリン	$C_{24}H_{25}NO_3$	残効性	ゴキブリ用エアゾール、くん煙剤
イミプロトリン	$C_{17}H_{22}N_2O_4$	速効性	ゴキブリ用エアゾール
トランスフルトリン	$C_{15}H_{12}Cl_2F_4O_2$	高揮散性	電気蚊取り、ファン式蚊取り
メトフルトリン	$C_{18}H_{20}F_4O_3$	高揮散性	電気蚊取り、ファン式蚊取り

4・ヒトや動植物を守る化学製品

4-2 蚊取り線香の配合

●蚊取り線香のしくみとピレスロイドの揮散

　蚊取り線香は、1890年に開発されて以来、100年以上に渡り用いられている剤型です。日本では夏の風物詩としても親しまれ、さまざまな剤型が開発された現在でも、家庭用殺虫剤の中で一定の支持を受け続けています。マッチやライターなどの火種さえあれば、1回の点火で人間の睡眠時間である7～8時間に渡り、一定の効力で有効成分を放出し続けます。また、煙は、有効成分をのせて拡散させるはたらきがあるため、広い空間でも十分に効力を発揮します。その簡便さや効果が支持され、開発国の日本だけでなく、海外においても生産・輸出されています。特に、東南アジア諸国など高温多湿な地域では、蚊帳とあわせてマラリア予防の必需品として利用されています。

　蚊取り線香の先端の燃焼部分は700～800℃に達しますが、有効成分のピレスロイドは、その6～8mm手前の約250℃前後のところから揮散します（図4-2-1）。揮散したピレスロイドは、空中を浮遊する微粒子（エアゾール）となって放出されます。

●蚊取り線香の化学的処方と製造工程

　かつては、蚊取り線香の有効成分には除虫菊の粉末を用いていましたが、その後、熱安定性の高い合成ピレスロイド「アレスリン」が工業化され、広く用いられるようになりました。さらに近年では、害虫に対する効果がより高い「dl・d-T80-アレスリン」の使用が一般的となっています。

　蚊取り線香はピレスロイドに木粉などの増量剤、タブ粉やデンプンなどの増結剤を加え、水と一緒に練り合わせてつくります。これを板状に押し出し、渦巻き型に打ち抜いて、水分が7～10％程度になるまで網の上で乾燥させます（図4-2-2）。蚊取り線香の効力は、くん煙中の有効成分の含量に比例するため、有効成分が揮散しやすく、均一になるよう、基材の選定や配合、製造工程に工夫がなされています。

図 4-2-1　蚊取り線香の燃焼とピレスロイドの揮散

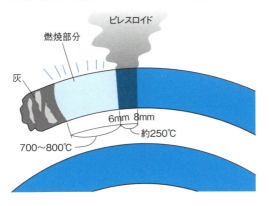

図 4-2-2　蚊取り線香の製造工程

1 調合

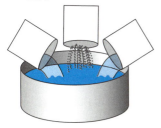

除虫菊抽出粕粉、木粉などの植物成分と、デンプンなどの天然ブレンド粉に、殺虫成分と水を調合する。

2 混合・練り

調合した原材料を混ぜて練り合わせる。

3 押し出し

練り合わせたものを板状に押し出す。

4 打ち抜き

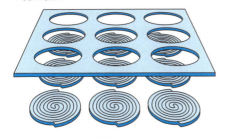

渦巻き型に打ち抜く。

5 乾燥

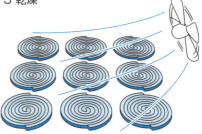

水分が7～10％程度になるまで乾燥させる。

4-3 エアゾールの配合

●エアゾールのしくみと殺虫剤

　エアゾール（aerosol）とは、元来、煙や霧のように、気体中に固体または液体の微粒子が分散している状態を表す学術用語です。ただし、製品を指す場合には、缶やプラスチックなどの容器に、目的とする液体と噴射剤を充填し、噴射剤の圧力で液体を霧状に噴出させるものを表します（図4-3-1）。殺虫剤のほか、制汗剤やヘアースプレー、塗料などに用いられています。

　殺虫剤エアゾールは、殺虫剤成分を溶剤に溶かし、噴射剤とともに容器に充填しています。噴射剤には、おもに、液化石油ガス（LPG）やジメチルエーテル（DME）が用いられています（表4-3-1）。殺虫剤成分にはピレスロイドが使用され、虫の動きを素早く止めるためのノックダウン剤と、虫を致死させる致死剤が処方されます。

●害虫別のエアゾール殺虫剤

　エアゾールは、ハエやカを対象として空間に向けて噴霧する「空間エアゾール」と、ゴキブリ用やダニ用など、匍匐昆虫の駆除、予防を目的とした「塗布型エアゾール」に大別されます。その他にも、対象害虫や目的にあわせて処方や噴出方法が工夫されたエアゾールがあります（図4-3-2）。

　たとえば、ハエ・カ用では、飛んでいる虫に付着しやすいように、噴射後の粒子径が35～45ミクロン程度になるように調節されています。薬剤には即効性の高いノックダウン剤（d-T80-フタルスリンなど）と、致死効果の高い致死剤（d-T80-レスメトリンなど）が併用されるのが一般的です。

　一方、ゴキブリ用エアゾールの場合、ゴキブリ体表や塗布面への付着性を重視して、ハエ・カ用よりも粒子を粗くします。狭いところへの噴射のために、長いノズルがついたものもあります。薬剤には、致死剤として、また残効性を期待して、フェノトリンやペルメトリンが配合されます。また、ノックダウン剤には即効性に優れたイミプロトリンを配合するのが主流です。

図 4-3-1　エアゾールの構造

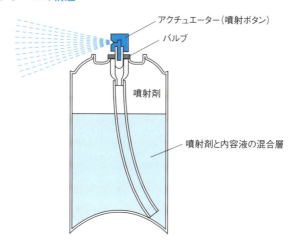

表 4-3-1　エアゾール殺虫剤に使用される噴射剤

物質 種類	噴射剤	分子式	分子量	沸点 (℃)	蒸気圧 (kg/cm²) 20℃	液比重 20℃
炭化水素	プロパン	$CH_3CH_2CH_3$	44.1	−42.2	7.4	0.50
	i-ブタン	$(CH_3)_2CHCH_3$	58.1	−10.0	2.2	0.56
	n-ブタン	$CH_3CH_2CH_2CH_3$	58.1	−0.6	1.1	0.58
エーテル	ジメチルエーテル	CH_3OCH_3	46.1	−24.9	4.0	0.66
圧縮ガス	炭酸ガス	CO_2	44.0	−78.5	59.1	0.77

図 4-3-2　害虫別エアゾール殺虫剤の例

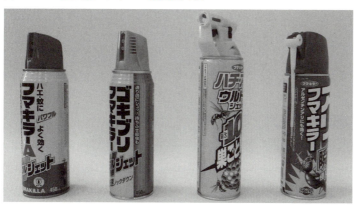

左から、ハエ・カ用、ゴキブリ用、ハチ・アブ用、アリ用。対象害虫別に、処方や噴出方法が異なる。

（写真提供：フマキラー株式会社）

4-4 電気蚊取りの配合

●電気蚊取りのしくみとピレスロイドの揮散

　電気蚊取りは、蚊取り線香と同様に、殺虫成分を熱によって空気中に揮散させることで、カを駆除します。火を使わず、電力によって熱を発生させるため、煙が発生しないのが特徴です。電気蚊取りの拡散力は、煙がピレスロイドを運ぶ「キャリアー」としてはたらく蚊取り線香に比べると、やや劣りますが、密閉性の高い家屋での使用には適していると言えるでしょう。

●マット式とリキッド式のしくみと特徴

　最初に普及した電気蚊取りは「マット式」です。これは、有効成分のピレスロイドをふくませた繊維質のマットを、電気発熱体によって加熱して有効成分を揮散させる方法です。ただし、この方法では、使用の始めから最後まで、一定量の有効成分を揮散させることが難しく、時間が経つにつれて徐々に殺虫効果が減少してしまうことが課題でした。

　そこで、次に開発されたのが「リキッド式」の電気蚊取りです。これは、殺虫液に浸した芯が液を吸い上げ、その上部を加熱することでピレスロイドを揮散させる方法です（図4-4-1）。電源を入れている間は効力の低下が起こらず、一定の効果が安定して維持されます（図4-4-2）。また、リキッド式では、いったんボトルを器具にセットすれば、取り替えなしで1か月〜半年間使用することが可能です。電源のオンオフのみで、一晩でも短時間でも必要な時間ずつ使用することができます。

●電気蚊取りの化学的処方・配合

　電気蚊取りの殺虫成分には、揮散性の高いピレスロイドが用いられます。マット式ではd・d-T80-プラレトリンが用いられ、リキッド式ではプラレトリンに加えて、さらに揮散性に優れるトランスフルトリンやメトフルトリンを溶剤に溶かし、必要に応じて揮散調整剤や安定剤を加えて処方されます。

図 4-4-1　リキッド式電気蚊取りの構造例

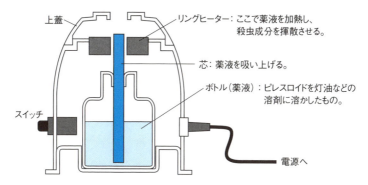

図 4-4-2　剤型別蚊取りの殺虫成分の揮散パターン

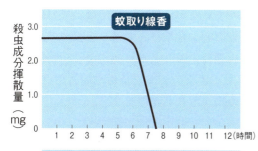

蚊取り線香
着火後から一定の効力で殺虫成分を揮散させるが、7～8時間で燃え尽きて揮散も終わる。

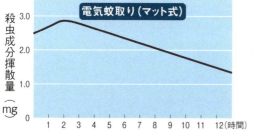

電気蚊取り（マット式）
電源を入れて2～3時間後に殺虫成分揮散のピークを迎え、その後、徐々に揮散量が減少する。

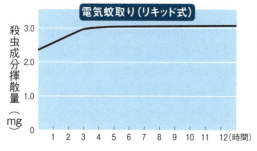

電気蚊取り（リキッド式）
電源を入れて2～3時間後に殺虫成分揮散のピークを迎え、その後も揮散量を維持する。

4-5 新しい家庭用殺虫剤

●ファン式蚊取り（電池式）

近年開発された高揮散性ピレスロイドのメトフルトリンとトランスフルトリンは、常温でもよく揮散するという性質を持つため、かつては実現が難しかった薬剤の揮散に熱を使わない剤型の商品化を可能にしました。

ファン式蚊取りは不織布などの担体に殺虫成分をしみ込ませ、ファンによって送られる風で殺虫成分を揮散させる剤型です（図 4-5-1）。従来の電気蚊取りは、熱を発生させる必要がありましたが、ファン式では、風力によって有効成分を揮散させるため、より少ないエネルギーで効果を発揮できるようになりました。乾電池をエネルギー源にすることが可能になり、利便性が飛躍的に向上しました。コンセントが不要なので、携帯用や屋外用として、また室内においても場所を選ばずに使用することができます。

●ワンプッシュ式蚊取り

1日1回噴霧するだけで効果を発揮する剤型です。容器のしくみはエアゾールと同様ですが、高揮散性のピレスロイドを用いているため、少量（0.1〜0.2mL 程度）を噴霧するだけで、空間全体に薬剤が拡散します。噴霧される粒子を小さくすることによって長く空気中に漂わせ、さらに、床や壁についた薬剤が再度蒸散することで、長時間効果が持続します。

●置き型虫よけ（プレートタイプ）（雑品）

この剤型では、高揮散性のピレスロイドを不織布やネットなどの担体にしみ込ませたものや、樹脂に練り込んだものをプレート状にしています。吊るしておくと、風によって殺虫成分が揮散されます（図 4-5-2）。成分の揮散量は、担体が空気にふれる表面積や風の通りやすさに比例するため、担体を蛇腹状に折り畳んだり、ネットの織り方や使用する糸に工夫がなされたりしています。プレートタイプは、近年大幅に売上を伸ばしている剤型です（図 4-5-3）。

図 4-5-1 ファン式蚊取りの構造例

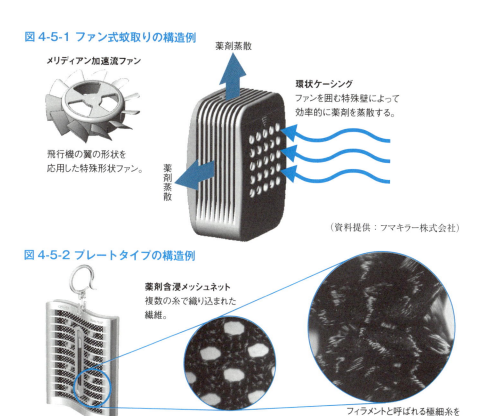

(資料提供：フマキラー株式会社)

図 4-5-2 プレートタイプの構造例

(資料提供：フマキラー株式会社)

図 4-5-3 新しい家庭用殺虫剤の例

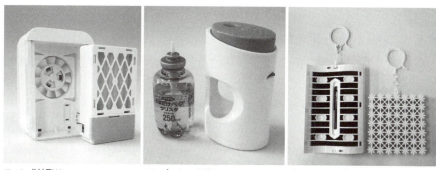

ファン式蚊取り　　ワンプッシュ式蚊取り　　プレートタイプ

(写真提供：フマキラー株式会社)

4-6 ディートとその他殺虫剤の配合としくみ

●ディート（DEET）

　ディートは「N, N-ジエチル-m-トルアミド」（図4-6-1）の略称で、昆虫に対する忌避剤として、虫除けスプレーなどに用いられています。忌避活性に秀でているだけでなく、さまざまな害虫に効果があること、安価で際立った欠点もないことから広く使用されています。特に、カやマダニのような吸血害虫の忌避剤では、ほとんどの製品がディートを主成分としています。

　肌や衣服に直接噴霧もしくは塗布するため、ほとんどのものがアルコールや水をベースにしています。剤型としては、エアゾールやミスト、ローション、ジェル状、シート状のものなどがあります。

●毒餌剤（ベイト剤）

　毒餌剤は、誘引剤と殺虫剤を配合した剤型で、目的とする害虫を誘引剤で集め、それを害虫が食べることによって効果を発揮します。特に家庭用としては、ゴキブリ用の毒餌剤が一般的に用いられています。殺虫成分には、かつてはホウ酸がおもに用いられてきましたが、近年では、ゴキブリに対する致死効果の高い「ヒドラメチルノン」や「フィプロニル」（図4-6-2）が使用されるようになってきました。

●くん煙剤・加熱蒸散剤・TRA

　くん煙剤や加熱蒸散剤は、広い空間内を一度に隅々まで処理するのに適した剤型です（図4-6-3）。くん煙剤は、着火による発熱によって殺虫成分を煙化させ、空間中に拡散させます。一方、加熱蒸散剤は、水と酸化カルシウムの化学反応を用いて発熱させるもので、現在ではこちらが主流となっています。いずれも有効成分が勢いよく揮散して室内に充満するため、家具や壁の隙間まで届きます。また、熱や煙を発生させずに同様の効果をもたらす、全量噴射式エアゾール（TRA）という剤型もあります（図4-6-4）。

図 4-6-1　DEET の化学構造式

N, N-ジエチル-m-トルアミド（DEET）

図 4-6-2　ヒドラメチルノンとフィプロニルの化学構造式

ヒドラメチルノン　　　　　　　　　フィプロニル

図 4-6-3　くん煙剤と加熱蒸散剤の構造

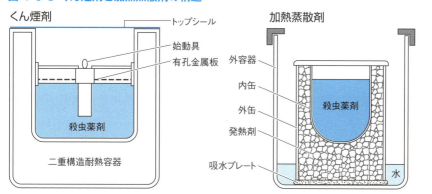

くん煙剤
- トップシール
- 始動具
- 有孔金属板
- 殺虫薬剤
- 二重構造耐熱容器

①トップシールをはずし、始動具に着火する。
②熱が殺虫薬剤に伝わり、揮散が始まる。
③有孔金属板を通して、煙化された殺虫成分が容器内から拡散される。

加熱蒸散剤
- 外容器
- 内缶
- 外缶
- 発熱剤
- 吸水プレート
- 殺虫薬剤
- 水

①水に缶を浸す。
②吸水プレートを通して、水が内部へ浸透し、酸化カルシウムと反応する。発熱反応によって約10秒後には缶内の温度は約300℃に達する。
③発生した熱が殺虫薬剤に伝わり、発泡溶融して窒素ガスを発生し、殺虫成分が噴出される。

図 4-6-4　ディートとその他殺虫剤の例

ディート

ベイト剤

全量噴射式エアゾール

（写真提供：フマキラー株式会社）

❗ 感染症と化学の戦い

　感染症とは、細菌やウイルスなどの病原体が、体内に侵入することで引き起こされる疾患です。その感染経路のひとつが、衛生害虫と呼ばれる昆虫たちです。中でも、カやダニなど吸血性の昆虫は、マラリアやペスト、発疹チフスなどの媒介となり、世界中で多くの人の命を奪ってきました。

　感染症対策における3原則のひとつに、感染経路の遮断が挙げられます。しかし、衛生害虫を完全に駆除することは非常に困難であり、また、環境破壊や公害を引き起こす可能性もあります。そのため、家庭用殺虫剤を用いた個人レベルでの防除が重要です。マラリアは、現在もアフリカを中心に多くの死者を出していますが、その予防には殺虫剤に浸漬させた蚊帳や、蚊取り線香が効果を上げています。

　日本でも、衛生害虫による感染症はひとごとではありません。マダニによって媒介される重症熱性血小板減少症候群（SFTS）は、近年、国内でも度々感染者が確認されてます。また、2014年8月から国内での感染が報告されているデング熱は、亜熱帯や熱帯地域に住むネッタイシマカだけでなく、青森県を北限として日本に生息しているヒトスジシマカによっても媒介されることが分かっています。いずれも有効な抗ウイルス薬がなく、治療は対症療法が中心となりますが、特にSFTSは重症化率が高く、日本でも死亡例があります。ワクチンもないため、予防には家庭用殺虫剤や虫よけ剤を用い、マダニやカによる吸血を防ぐことが推奨されています。

第 5 章

衣類や食品を守る化学製品

私たちが生活するうえで必要な衣類や食品を守るためにも、
さまざまな化学製品が活躍しています。
なかでも、衣料害虫や食品の腐敗、湿気やニオイの
除去においては、化学の力は欠かせません。
本章では、防虫剤、除湿剤、消臭剤などの
しくみについて解説しています。

5-1 化学の力で害虫から衣類を守るしくみ

●衣類用防虫剤が対象とする害虫

　人間の生活環境に侵入し、害を与える昆虫たちの中でも、衣類の食害に関連するものを衣料害虫と呼びます。毛（ウール）や絹（シルク）などの動物性の繊維にはタンパク質がふくまれているため、害虫の栄養源となります。また、植物性繊維や合成繊維においても、衣類に付着した食べこぼしや汗が栄養源となるため、被害を受けることがあります。

　おもな衣料害虫には、ヒメカツオブシムシ、ヒメマルカツオブシムシ、イガ、コイガの幼虫が挙げられます（図5-1-1）。これらの害虫は気温が15℃以上になるとよく活動するようになるため、春から秋にかけての暖かい季節において、特に注意が必要です。しかし、近年では、エアコンの普及や家屋の気密性が高まったことにより、年間を通じて室内が暖かく、季節を問わず対策が求められるようになっています。

●衣類用防虫剤のおもな薬剤

　このような衣類の食害を最小限に抑えるために用いられるのが、衣類用防虫剤です。害虫が嫌がるニオイを発して、近寄らないようにする忌避効果や、直接害虫に作用して駆除する殺虫効果のある薬剤が用いられ、タンスやクローゼット、衣装ケースなどの衣類の収納スペースに設置して使用されます。

　衣類用防虫剤は「有臭性タイプ」と「無臭性タイプ」に大別されます。有臭性タイプはパラジクロルベンゼン、ナフタリン、樟脳（しょうのう）などが用いられます。いずれも、強いニオイを発する白色結晶で、常温で昇華性を示します。「昇華」とは、固体が、液体を経由せずに気体に変化する現象を指します。無臭性タイプはエムペントリンやプロフルトリンなどの常温揮散性のピレスロイド類が用いられます。

　無臭性のものは、ほかの薬剤との併用が可能ですが、異なる有臭性どうしの併用はできません（図5-1-2）。異なる有臭性の防虫剤を併用すると、一度

気化した成分が別の防虫剤の成分に溶け込み、凝固点降下という現象を引き起こします。これによって、昇華せずに、液体を経由して気化するため、防虫剤が液状になり、衣服に付着してシミをつくってしまうことがあります。

図 5-1-1　おもな衣料害虫の幼虫と成虫

名前および特徴	幼虫（衣料害虫）	成　虫
ヒメカツオブシムシ 幼虫　体色：赤褐色 　　　体長：約7〜10mm 成虫　体色：黒褐色 　　　体長：約4〜5mm		
ヒメマルカツオブシムシ 幼虫　体色：灰褐色 　　　体長：約4〜5mm 成虫　体色：黒褐色に白・黄の斑紋 　　　体長：約2〜3mm	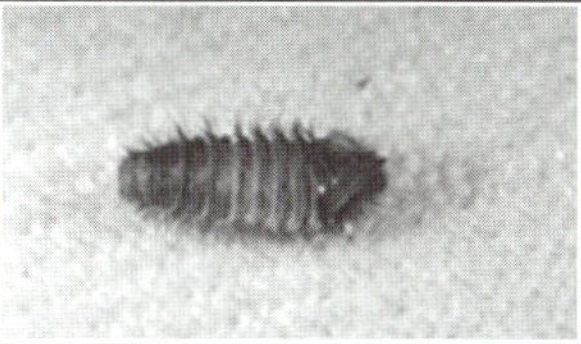	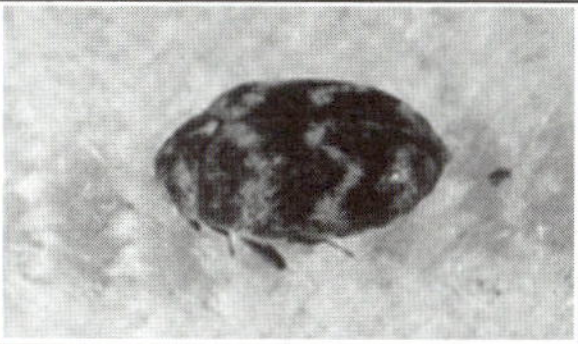
イガ 幼虫　体色：淡灰黄白色 　　　体長：約5〜6mm、まゆをつくる 成虫　体色：淡灰色 　　　体長：約4〜5mm		
コイガ 幼虫　体色：淡灰黄白色 　　　体長：約6〜7mm、まゆをつくる 成虫　体色：淡白色 　　　体長：約6〜8mm	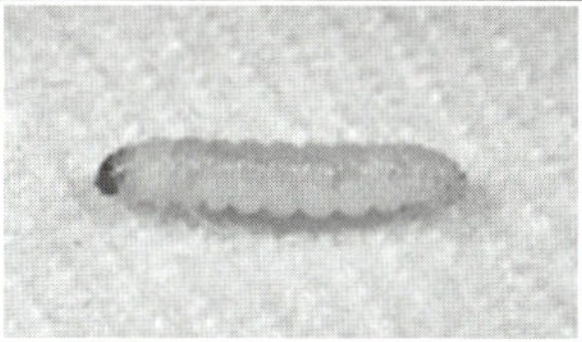	

（写真提供：日本繊維製品防虫剤工業会）

図 5-1-2　併用できる防虫剤とできない防虫剤

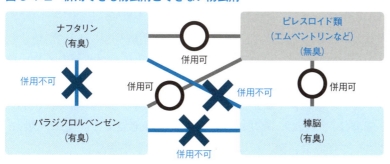

5-2 樟脳、ナフタリン、パラジクロルベンゼンの配合

●樟脳の化学的処方・配合・用途

　樟脳はクスノキ由来の成分で、虫に対する忌避効果があり、医薬品や虫除けに古くから利用されてきました。天然のものは、クスノキのチップを水蒸気蒸留して、脱水と脱油を繰り返すことで、結晶として得られます。現在では化学合成品の使用が一般的で、マツなどの針葉樹の精油から得られる「α-ピネン」と呼ばれる成分を原料として、合成されます（図5-2-1）。金糸、銀糸、金箔への影響が少ないため、和服や人形の防虫剤として用いられています。なお、飲み込んだ場合の毒性が強いため、誤飲には十分注意する必要があります。

●ナフタリンの化学的処方・配合・用途

　大正時代に登場したナフタリン防虫剤は、石炭を乾留して得られるコールタールを原料として、これを蒸留して得られる留分から、ナフタリンを多くふくむ油をさらに精製蒸留して製造されます（図5-2-2）。虫に対する忌避効果があり、比較的ゆっくりと昇華し、効き目が長く持続します。そのため、長期保存される人形や標本、フォーマルウェアなどに使用されますが、金糸や銀糸、ポリ塩化ビニルには使用できません。防虫剤の中でも特に毒性が高いため、誤飲には十分注意する必要があります。

●パラジクロルベンゼンの化学的処方・配合・用途

　パラジクロルベンゼンは、石油を原料とした防虫成分（図5-2-3）で、ニオイがもっとも強烈ですが、有臭性タイプの防虫剤の中ではもっとも高い効力を示し、忌避効果だけでなく、殺虫効果も有します。また、昇華性が非常に高いため、素早く効き目が広がる一方、持続性は劣ります。さらに、50℃強の環境下で溶け出すため、夏場の使用には注意が必要です。金糸、銀糸、ポリ塩化ビニルや合成樹脂類、合成皮革には使用できません。

図 5-2-1 樟脳の化学構造式・分子式

図 5-2-2 ナフタリンの化学構造式・分子式

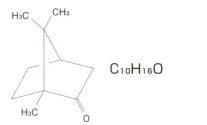
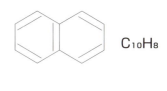

図 5-2-3 パラジクロルベンゼンの化学構造式・分子式

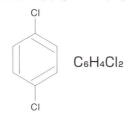

図 5-2-4 有臭性タイプの防虫剤の例

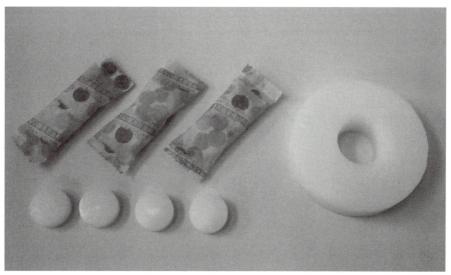

パラジクロルベンゼン防虫剤（左：引出し用、右：クローゼット用）

5-3 ピレスロイドの配合

●ピレスロイドの化学的処方・配合

　ピレスロイドは化合物の総称で、除虫菊にふくまれる天然の殺虫成分ピレトリンや、それをもとに開発されたさまざまな合成ピレスロイドのことを指します。

　ピレスロイドは虫に対する殺虫効果が高い一方で、人間をふくむほ乳類に対する毒性が低いため、蚊取り線香をはじめとする殺虫剤の有効成分として古くから活用されてきました。しかし、従来のピレスロイドは常温で揮散しにくく、火や電気によって熱を与えないと拡散することができませんでした。

　1970年代に、常温でも揮散する性質と高い殺虫効果とを併せ持つピレスロイド「エムペントリン」（図5-3-1）が開発されると、衣類用の防虫剤にも使用することが可能になりました。その後、より防虫効果の高い「プロフルトリン」（図5-3-2）が開発され、今日では、これらの2種類の薬剤をセルロースやプラスチックに染み込ませて、ピレスロイド系防虫剤として使用されています（図5-3-3）。

●ピレスロイド系防虫剤の特徴・用途

　従来の防虫剤はニオイが強いという問題点がありましたが、エムペントリンやプロフルトリンはほぼ無臭であるため、衣類にニオイがつかない防虫剤として売り出され、現在では防虫剤の中で大きなシェアを占めています。

　また、エムペントリンやプロフルトリンは害虫の忌避だけでなく、殺虫効果や卵の孵化を抑制する効果もあり、特に、イガやコイガの卵や幼虫に対して高い致死効果を示します。ほかのピレスロイド類と同様に、昆虫に対しては即効性がある一方で、人に対しては毒性が低いのが特徴です。なお、金糸や銀糸、皮革製品にも使用できますが、真鍮や銅を使用したものには使用できないため、ボタンなどの素材には注意が必要です。

図 5-3-1　エムペントリンの化学構造式・分子式

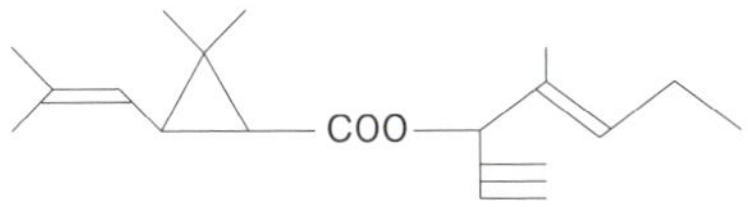

$C_{18}H_{26}O_2$

図 5-3-2　プロフルトリンの化学構造式・分子式

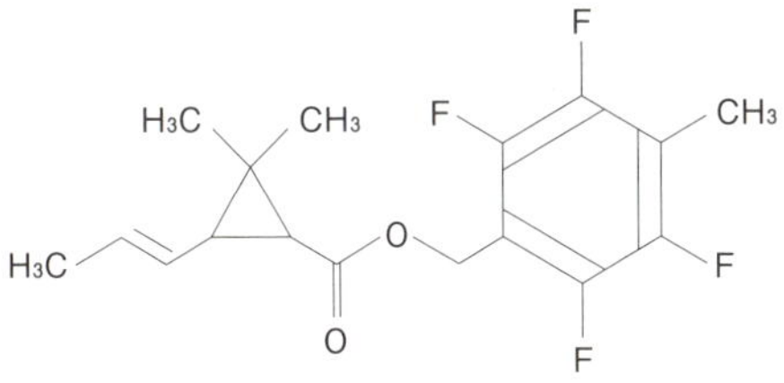

$C_{17}H_{18}F_4O_2$

図 5-3-3　ピレスロイド系防虫剤の例

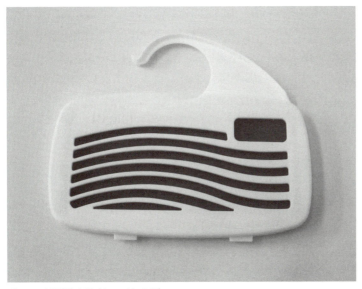

ピレスロイド系防虫剤（クローゼット用）

5-4 化学の力で湿気を防ぐしくみ

●化学の力で湿気を防ぐしくみ

空気から水蒸気を吸収して乾燥させる薬剤に「乾燥剤」や「除湿剤」があります。一般的に、湿気による製品の劣化を防ぐために、食品などの製品パッケージに用いられるものを乾燥剤と呼び、住居の収納空間における過剰な湿気を取り除き、カビや雑菌の繁殖を防ぐために使用されるものを除湿剤と呼んでいます。また、乾燥剤と同様に、製品の劣化を防ぐ目的で用いられる薬剤に「脱酸素剤」があります。密閉された容器の中を脱酸素状態にして、酸化による変質を防いだり、カビや雑菌の増殖、害虫の発育を抑えたりする効果があります（図5-4-1）。

●湿気を防ぐおもな化学製品

食品などのパッケージに使用される乾燥剤としては、シリカゲルや生石灰が一般的です。また、塩化カルシウム加工品やクレイ系と呼ばれるものが使用されることもあります。生石灰や塩化カルシウム加工品は「化学的乾燥剤」に分類され、薬剤と水が化学反応を起こすことによって水分を吸収します。一方、シリカゲルやクレイ系乾燥剤は「物理的乾燥剤」に分類され、乾燥剤自体は変化せず、細かい孔に水蒸気を吸着することで効果を発揮します。

脱酸素剤は、鉄粉が酸化する際に酸素を吸収する反応を利用した「無機系（鉄系）脱酸素剤」と、有機物が分解する際に酸素を吸収する反応を利用した「有機系（非鉄系）脱酸素剤」とに大別されます。無機系脱酸素剤は、反応に水を必要としますが、その際、食品にふくまれる水分を利用するものを「水分依存型」、脱酸素剤にあらかじめ水分が添加されているものを「自己反応型」と呼びます。有機系脱酸素剤はいずれも自己反応型です。

除湿剤には塩化カルシウムが用いられます。水分を吸収すると容器に水溶液が貯まるタンクタイプと、シート状に加工し、ゲル化させることによって液漏れをなくしたシートタイプのものがあります。

図 5-4-1　乾燥剤・除湿剤・脱酸素剤の成分・目的・用途

乾燥剤	
成分	シリカゲル、生石灰、塩化カルシウム加工品など
効果	防湿、防カビ、変色・変質防止
用途	食品製品パッケージ、医薬品、工業機械や部品の包装、住居の収納空間など

除湿剤	
成分	塩化カルシウム
効果	除湿、雑菌によるニオイやカビ発生の防止
用途	押入れ、クローゼット、キッチンシンク、下駄箱などの収納空間

脱酸素剤	
成分	無機系（おもに鉄）、有機系（鉄以外の有機物）
効果	脱酸素により、酸化・変色・変質防止、カビ・虫害防止
用途	食品製品パッケージ、医薬品や化粧品のパッケージ、毛皮、衣類、精密部品、密封容器など

5-5 乾燥剤、脱酸素剤の配合

●シリカゲルによる乾燥のしくみと用途

　シリカゲルは、ゲル状のケイ酸を乾燥させたものです。微細な空孔を多く持つため表面積が非常に大きく、空気中の水蒸気を吸着して乾燥させます。A型とB型があり、A型は低湿度でもよく吸水し、加熱することで水分を放出します。B型は高湿度で水分を吸着し、低湿度で水分を放出する調湿性があります（図5-5-1）。おもに、A型は食品や医薬品などに、B型は工業機械や部品の包装に使用されています。シリカゲル自体は無色透明で、吸水後も外観は変化しないため、水分の指示薬として塩化コバルトをふくませ、乾燥状態では青色、吸湿すると淡桃色に変化するようにしたものもあります。

●生石灰による乾燥のしくみ

　生石灰は酸化カルシウム（CaO）のことで、水を吸収すると化学反応によって消石灰に変化します（図5-5-2）。吸収前は白色の小片だったものが、約3倍の体積にまで膨張して粉末状に変わります。高湿度では比較的早く、低湿度ではゆっくりと水分を吸収します。安価であるため多用途に用いられますが、水分を吸収すると発熱して水溶液は強アルカリ性となるため、使用には注意が必要です。

●無機系脱酸素剤の種類としくみ

　もっとも一般的な無機系（鉄系）脱酸素剤は、特殊な処理を施した鉄粉が主成分です。「自己反応型」は、反応に必要な水分があらかじめ添加されていて、空気に触れるとすぐに脱酸素反応を開始します。一方「水分依存型」は、包装内の製品から水分が蒸散して包装内が高湿度になると反応を開始するため、乾燥食品や傷みやすいものには不向きです。使用の際は、酸素を透過しにくい包装材を選び、脱酸素剤を封入後、シール機などで完全に密封します（図5-5-3）。食品分野において、鮮度や品質の長期保持を可能にしたほか、

医薬品や化粧品の劣化防止や、衣類、寝具などの防ダニ・防カビなど、幅広く使用されています。

図 5-5-1　シリカゲル A 型とシリカゲル B 型の吸湿条件

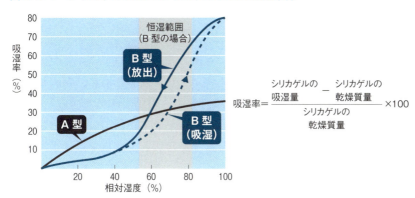

$$吸湿率 = \frac{シリカゲルの吸湿量 - シリカゲルの乾燥質量}{シリカゲルの乾燥質量} \times 100$$

図 5-5-2　生石灰と消石灰

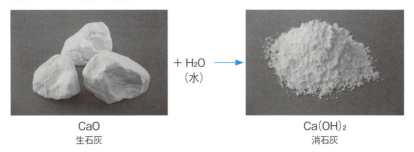

CaO
生石灰

Ca(OH)₂
消石灰

（写真提供：高知石灰工業㈱）

図 5-5-3　脱酸素剤のしくみとはたらき

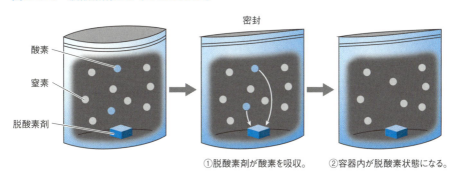

①脱酸素剤が酸素を吸収。　②容器内が脱酸素状態になる。

5-6 除湿剤の配合

●除湿剤のしくみ

衣類などの収納の際、湿度が高いと、雑菌の繁殖によってニオイが発生したり、カビが生えたりすることがあります。これを防ぐために、押入れやクローゼットなどの収納空間に除湿剤を設置して、過剰な湿気を吸収します。除湿剤のしくみは、塩化カルシウムの「潮解性」を応用しています。これは、空気中に放置すると、空気にふくまれる水分を吸収して、自発的に水溶液になる現象です（図5-6-1）。

●除湿剤の種類・特徴・用途

除湿剤には、容器に水が貯まる「貯水型（タンクタイプ）」と、シート状で、水分をふくむとゲル化する「保水型（シートタイプ）」があります（図5-6-2）。

貯水型の除湿剤は、二層になった容器の上段に白色粒状の固形塩化カルシウムが入っています。空気にふくまれる水分を吸収した塩化カルシウムは液状になり、下段に落ちて受器にたまるようになっています。これによって上段では塩化ナトリウムの結晶表面が常に空気中に露出して、吸湿能力が一定に保たれます。容器そのものが場所をとるため、下駄箱や押入れ、シンク下など、ある程度容積のある空間に用いられます。

保水型の除湿剤は、塩化カルシウムが潮解して水溶液になると同時に、ゲル化させることで、液漏れが起きないようになっています。薄型なので場所をとらず、引き出しや衣装ケース、クローゼットなどに用いられます。クローゼットにつり下げて使うタイプや、靴に入れて使用するものなど、形状に工夫がされています。また、ピレスロイドなど防虫剤成分や、消臭剤と組み合わせたものもあります。

塩化カルシウム水溶液が衣類につくと、シミやべたつきが残ることがあります。また、皮膚に付着したまま放置すると、火傷と同じような状態になり

ます。これらの理由から、吸湿後の廃液の扱いには注意が必要です。貯水型の場合は、容器の転倒によって液が漏れないように、透湿フィルムが貼られるなどの工夫がされています。また、除湿剤は、密閉性の高い空間で効果を発揮し、開放的な空間での除湿には不向きです。

図 5-6-1　塩化カルシウムの潮解現象

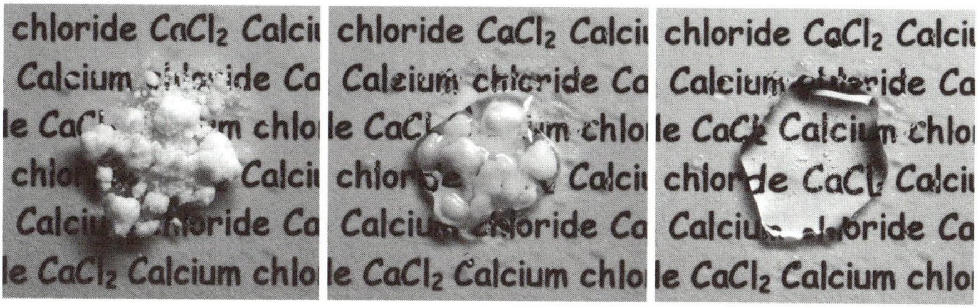

① 湿気の影響を受けていない状態では、白色粒状の固体。
② 90分経過後の、空気中の水分を吸収した状態。
③ 4時間経過後、空気中の水分を吸収した液体。

（写真提供：谷本泰正）

図 5-6-2 貯水型除湿剤と保水型除湿剤の例

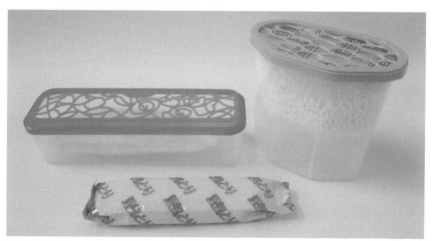

貯水型除湿剤（ケース入り2種）と保水型除湿剤（手前）

5-7 化学の力でニオイを抑えるしくみ

●ニオイと臭い

　私たちの身のまわりには、さまざまな「ニオイ」が存在します。しかし、身のまわりで感じるニオイは、単一成分によるものではなく、いろんな化学物質が混ざり合った状態になっていることが一般的です。また、それを「くさい」と感じるかは、その環境や人の体調などによっても変化します。

　くさいと感じるニオイを抑えるためには、そのニオイの成分を知ったうえで、適切な消臭方法を選択する必要があります。

●ニオイの種類とその成分

　私たちが生活するうえで、問題になるニオイの種類には、トイレのニオイ、生ゴミのニオイ、体臭、タバコのニオイ、ペットのニオイなどがあります。

　トイレのニオイのおもな成分は、尿によるアンモニアです。ほかに、糞便などによる硫化水素、トリメチルアミン、メチルメルカプタン、二硫化メチル、インドール、スカトールなどが混ざり合っています。生ゴミのニオイのなかで食品の腐敗臭としては、トリメチルアミン、メチルメルカプタン、硫化水素、アンモニア、二硫化メチルなどが一般的です。くさいと感じる体臭の成分は、汗やワキガではアンモニアや低級脂肪酸、口臭では硫化水素とメチルメルカプタン、加齢臭はアンモニアやノネナールになります。タバコには数多くの臭気成分がふくまれていますが、代表的なものは、ニコチン、アセトアルデヒド、酢酸、硫化水素、アンモニアなどです。ペットのニオイは、尿によるアンモニアのほかに、硫化水素、メチルメルカプタン、トリメチルアミン、低級脂肪酸など多くの臭気成分が混ざり合っています。

　ほかにも、部屋干しをした洗濯物からのニオイや工場から発生する悪臭などがあります（表5-7-1）。これらすべての身のまわりのニオイを消臭することは不可能ですが、それぞれのニオイの成分とニオイが発生する状況に合わせた消臭方法が研究・開発されています。

表 5-7-1　おもなニオイの成分と発生源

	ニオイの化学物質名と化学式		ニオイのおもな発生源
窒素化合物	アンモニア	NH_3	尿、ペット、汗、靴下、生ゴミ、タバコなど
	トリメチルアミン	$(CH_3)_3N$	生ゴミ、下水、水産加工場、畜産場など
	メチルアミン	CH_3NH_2	
	エチルアミン	$C_2H_5NH_2$	
	インドール	C_8H_7N	糞便、下水、オナラ、ペットなど
	スカトール	C_9H_9N	
硫黄化合物	硫化水素	H_2S	糞便、下水、オナラ、ペット、口臭、タバコなど
	メチルメルカプタン	CH_3SH	生ゴミ、糞便、下水、ペット、口臭など
	エチルメルカプタン	C_2H_5SH	生ゴミ、糞便、下水、オナラ、ペットなど
	ジエチルサルファイド	$(C_2H_5)_2S$	
	ジメチルサルファイド	$(CH_3)_2S$	
	二硫化メチル	$(CH_3)_2S_2$	
低級脂肪酸類	イソ吉草酸	$(CH_3)_2CHCH_2COOH$	汗、靴下、ペット、洗濯物臭、畜産場など
	ノルマル吉草酸	$CH_3(CH_2)_3COOH$	
	ノルマル酪酸	$CH_3(CH_2)_2COOH$	
	プロピオン酸	CH_3CH_2COOH	
アルデヒド類	アセトアルデヒド	CH_3CHO	口臭（飲酒時）、タバコ、化学工場など
	ホルムアルデヒド	$HCHO$	接着剤、建材、防腐剤、塗料、化学工場など
	ノネナール	$C_9H_{16}O$	加齢臭
芳香族類炭化水素	スチレン	$C_6H_5C_2H_3$	化学工場など
	キシレン	C_8H_{10}	
	トルエン	$C_6H_5CH_3$	

5-8 消臭剤、脱臭剤、芳香剤の配合

●消臭剤・脱臭剤・芳香剤の違い

　悪臭の除去や緩和を目的とした薬剤を広義の消臭剤と呼び、これには狭義の消臭剤や脱臭剤、芳香剤をふくみます。

　狭義の消臭剤は、化学反応などによってニオイ物質を無臭化、緩和するものを指します。脱臭剤は、ニオイ物質を吸着、包摂することによって悪臭成分を取り除くものを指します。また芳香剤は、空間に芳香を付加して、悪臭を感じにくくすることで快適に感じさせる効果が期待されます（図5-8-1）。

●化学的消臭法と物理的消臭法・生物的消臭法・感覚的消臭法

　一般的に家庭で用いられる消臭法は、「化学的消臭法」「物理的消臭法」「生物的消臭法」「感覚的消臭法」の4種類に分けられます（表5-8-1）。

　化学的消臭法は、悪臭の元となる成分を消臭剤の成分と化学反応させて無臭の成分にする方法です。酸性の物質とアルカリ性の物質による中和反応を用いる方法や、酸化反応を利用して悪臭成分を無臭の物質に変える方法があります。狙った悪臭成分に的を絞って集中的に消臭をすることが可能ですが、複数の悪臭成分に対応するのが比較的困難です。

　物理的消臭法は、悪臭成分を吸着したり包み込んだりすることによってニオイを抑える方法で、備長炭や活性炭による消臭が代表的です。さまざまな悪臭成分を同時に消臭することができる一方で、ある程度悪臭成分を吸着すると飽和状態になり、再放出が起きやすいという欠点もあります。

　生物的消臭法は、雑菌の繁殖による悪臭の発生を抑える方法で、除菌剤により雑菌を除去する方法や、別の菌や抗菌剤によりニオイを発生させる菌の活動を抑える方法がありますが、効果が現れるまでに時間がかかります。

　感覚的消臭法は、別の良い香りを使って悪臭を感じないようにする方法です。強い香りで悪臭をごまかす「マスキング法」と、悪臭の元になる物質を取り込んで良い香りを作り出す「ペアリング消臭」があります。

図 5-8-1　消臭方法別のおもな剤型

左から、室内空間用消臭剤（アミノ酸系消臭剤、吸収性樹脂）、タバコ用消臭・芳香剤（無機系消臭剤、液体）、トイレ用消臭・芳香剤（植物抽出消臭剤、エアゾール）、冷蔵庫用脱臭剤（活性炭ほか、ゼリー状）。

表 5-8-1　おもな消臭方法のニオイの成分に対する適正

	化学的消臭法		物理的消臭法	生物的消臭法	感覚的消臭法
	化学的中和法（アルカリ性用）	化学的中和法（酸性用）	活性炭脱臭法	抗菌防臭法	マスキング法
アンモニア	◎	×	◎	△	○
アミン類	◎	×	◎	△	○
インドール類	×	○	○	△	○
硫化水素	×	○	◎	△	○
メルカプタン	×	○	◎	△	○
アルデヒド類	×	△	○	×	○
ノネナール	×	○	○	△	○
低級脂肪酸類	×	◎	△	◎	○
芳香族類	×	×	○	×	○

※適正：◎優、○良、△可、×不可

🛈 食品のおいしさを守る脱酸素剤の歴史

　欧米では、1925年に鉄粉や硫酸鉄を用いた脱酸素剤が開発され、1960年には、アメリカンキャン社によってグルコースオキシターゼの反応を用いた方法が実用化されました。また、同社は1970年に、包装内に残存した酸素と、封入した水素とをパラジウム触媒の作用によって反応させる「マラフレックス」という方法を開発しましたが、反応性が低くコストが高かったため、あまり普及しませんでした。

　日本においては、1973年にハイドロサルファイトを用いた脱酸素剤が開発されましたが、安全性や効果の持続性に問題がありました。1977年に、これらの欠点を克服した鉄系の脱酸素剤が開発されると、低価格で安全性が高く、取り扱いが容易であったことから、急速に普及しました。

　脱酸素剤が商品として普及したことにより、食品の保存と流通は大きく変化しました。たとえば、かつて、まんじゅうなどの菓子を長持ちさせるためには、保存料を使用するか、調味料を多く加えて味を濃くするしかありませんでした。しかし、脱酸素剤を用いれば、食品に余分なものを加えたり風味を損ねたりすることなく、賞味期限を延長することができます。また「カビが生えない切り餅」を可能にしたのも脱酸素剤です。

　さらに2001年には、パッケージそのものに脱酸素機能を持たせることができる脱酸素フィルムの登場によって、シラップ漬けなどの液体を多くふくむ食品にも対応できるようになりました。

第6章

生活を大きく変化させた高分子化学

今日、私たちの生活に欠かせないプラスチック製品は、
20世紀以降、「高分子化学」の発展とともに
生まれたものたちです。
本章では、基本となるプラスチックの種類別に、
その構造や特性と身近な用途などを解説しています。

6-1 生活用品とプラスチック

●プラスチックとは

　私たちの身のまわりには、ありとあらゆるところにさまざまな形状をしたプラスチック製品があり、私たちがいかにその恩恵を受けながら暮らしているかということに、あらためて気づかれることでしょう。電気製品、通信機器、事務機、住宅建材、医療器具、包装容器、日用雑貨など、ちょっと見渡しただけでも身近なところにさまざまなプラスチック製品があります。

　「プラスチック（plastic）」という言葉はギリシャ語の「Plastikos（塑造の）」に由来しています。元来は「可塑性」（粘土のように、力を加えると変形し、力を取り去ったあとも変形した状態がそのまま残る性質）をもった材料という意味から生まれたものです。

　語源はさておき、プラスチックとは一体どのようなもので、またどのように定義されているのでしょうか。日本工業規格（JIS）ではプラスチックのことを「必須の構成成分として高重合体を含み、かつ完成製品への加工のある段階で流れによって形を与え得る材料」と定義しています。

　この定義にありますように、プラスチックは「高重合体」を主原料としていることが最大のポイントです。この高重合体とは、その構成単位である「単量体（モノマー）」と呼ばれる小さな分子が多数、共有結合によりつながった巨大分子のことです。その分子量は数千以上、通常は1万以上の化合物を言い、「高分子（ポリマー）」とも呼びます。ポリマーのポリというのは「多くの」という意味です。実は、繊維・ゴム・塗料・接着剤などもこの高重合体を主原料としているのですが、プラスチックがこの世に登場するずっと以前からそれぞれが産業資材として独自の分野を形成していたため、用語の分類上プラスチックとは区別され用いられています。

　ちなみに「樹脂（レジン）」という呼び名については、元々は樹木から採れる「ヤニ」を表していましたが、人工的に合成されるようになった高重合体の一部が同じような形状と性質を持っていたことから、広義に「高分子」

とほぼ同じ意味で使用されるようになりました。そのため「合成樹脂」という言葉も、おもに「プラスチック」と同じ意味で用いられています。

●プラスチックの性質を決めるもの

プラスチックにはポリエチレン、ポリ塩化ビニル、アクリルなど多くの種類がありますが、それら各種プラスチック（あるいはプラスチック製品）の物性はさまざまな因子によって大きく違ってきます。なかでも物性の大枠を決めるのは、プラスチックのベースとなる高分子（ポリマー）であり、さらに言えば、そのポリマーの基本的な構造要素ということになります。

ポリマーの化学構造はどうなっているのか、分子量の大きさやその分布はどうなっているのか、立体規則的な構造なのか、あるいはどの程度の結晶成分があるのか、こういったポリマーの基本的な構成要素のことを「特性」と言い、この特性こそがプラスチックの物性を基本的に支配する因子です。図6-1-1に、これらの因子を3つのグループに類別し示しました。

図6-1-1　プラスチックの特性を決める諸因子

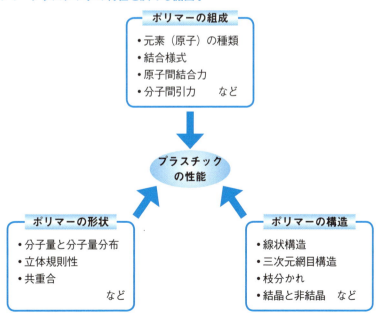

●プラスチックは「チョコ」と「ビスケット」の2種類

　プラスチックの分類にはいろいろな方法がありますが、熱可塑性プラスチックと熱硬化性プラスチックに分ける方法がもっとも一般的です（表6-1-1）。前者は加熱すると溶融、流動し、冷却すると固化し形状がそのまま保持される、つまり「熱によって塑性（変形）が可能になる」プラスチックを言います。これに対して、後者のものは、成形加工される前は低分子の状態（熱可塑性プラスチックは成形加工される前にすでに高分子）ですが、成形工程の中で加熱などによって重合が進み、橋架けしたような構造（これを「架橋構造」または「網目構造」と言います）になったプラスチックのことです。

　熱可塑性プラスチックは熱硬化性プラスチックとは異なり、線状高分子の集合体であるため、適当な溶剤を加えると溶解します。また加熱によっても軟化や溶融を起こします。そして冷却すると再び集合し固まるため、これを繰り返すことでさまざまな形状を付与することができます。たとえるなら、熱可塑性プラスチックは「チョコレート」のようなプラスチックなのです。熱可塑性プラスチックはさらに「結晶性と非晶性」や、強度や耐熱性の違いから「汎用とエンジニアリング」という分け方もあります。

　一方、熱硬化性プラスチックは、その化学構造が三次元網目状なので、溶剤を加えても溶解せず、加熱しても軟化や溶融しない、いわゆる不融不溶性です。したがって、一度製品となった後は、再加熱などによるやり直し（再成形）は不可能です。たとえるなら、熱硬化性プラスチックは「ビスケット」のようなプラスチックなのです。図6-1-1に、両者の分子構造の違いを模式的に示しました。

　なお、ポリエチレン、ポリプロピレン、ポリエチレンテレフタレートなど安価で、さまざまな用途に大量に使用されているプラスチックのほとんどは熱可塑性プラスチックです。一方、熱硬化性プラスチックには、エポキシやシリコーンなど独自の強みを発揮しているものもありますが、その需要量は熱可塑性プラスチックの約1/10程度であり、今日ではややマイナーな存在になっています（図6-1-2）。

表 6-1-1　おもな熱可塑性プラスチックと熱硬化性プラスチックの分類と特長および用途

分類		名称	略号	結晶性	優れているところ	おもな用途
熱可塑性プラスチック	汎用プラスチック	高密度ポリエチレン	HDPE	結晶性	電気絶縁性、耐薬品性、剛性	包装材、雑貨、灯油缶、コンテナ、パイプ
		低密度ポリエチレン	LDPE	結晶性	電気絶縁性、耐水性、柔軟性	包装材、農業用フィルム、電線被覆
		ポリプロピレン	PP	結晶性	軽い、機械的強度、耐熱性	自動車部品、家電部品、包装材、繊維
		ポリ塩化ビニル	PVC	非晶性	燃えにくい、耐候性、光沢、着色性	水道管、継手、雨樋、ホース、農業用フィルム
		ポリスチレン	PS	非晶性	透明、剛性、電気絶縁性、着色	ハウジング、魚箱、緩衝材、食品容器
		ポリエチレンテレフタレート	PET	結晶性	透明、強靭、耐薬品性	飲料容器、包装フィルム、磁気テープ
		ABS	ABS	非晶性	光沢、外観、耐衝撃性	OA機器、電気製品、自動車部品、建材
		アクリル	PMMA	非晶性	無色透明、光沢、耐光性、表面硬度	照明カバー、水槽、レンズ
	エンジニアリングプラスチック	汎用	ポリカーボネート	PC	非晶性	耐衝撃性、透明性、耐熱性	CDディスク、透明屋根材、レンズ、ハウジング
			ナイロン	PA	結晶性	耐摩耗性、耐寒性、耐衝撃性	自動車部品、食品フィルム、漁網、歯車
			ポリブチレンテレフタレート	PBT	結晶性	電気的特性、機械的特性	電気部品、自動車電装部品
		特殊	液晶ポリマー	LCP	結晶性	電気絶縁性、成形性、耐候性	コネクタ、OA機器、アラミド繊維
			ポリアリレート	PAR	非晶性	透明、耐候性、耐熱劣化性	リフレクタ、電気・電子部品、レンズ
			ポリスルホン	PSU	非晶性	透明、耐熱水性、電気絶縁性	食品産業機器、医療関連機器
			ポリエーテルスルホン	PES	非晶性	透明、耐熱劣化性、耐酸アルカリ性	電気・電子部品、医療・食品分野

分類	名称	略号	優れているところ	おもな用途
熱硬化性プラスチック	フェノール	PF	電気絶縁性、耐酸性、燃えにくい	プリント配線基板、つまみ、取っ手
	ユリア	UF	表面硬度、安価、燃えにくい	ボタン、キャップ、配線器具、合板接着剤
	メラミン	MF	耐水性、表面硬度、陶器に似る	食器、化粧板、合板接着剤、スポンジ
	シリコーン	SI	耐熱性、耐候性、撥水性、離形性	パッキン、カテーテル、ガスケット、キッチン用品
	エポキシ	EP	電気特性、化学特性	プリント配線基盤、接着剤
	ウレタン	PUR	接着性、耐摩耗性、発泡体	クッション、断熱材、工業ベルト、塗料

図 6-1-1　熱可塑性プラスチックと熱硬化性プラスチックの分子構造模式図

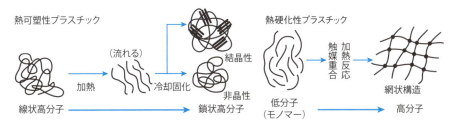

図 6-1-2　種類別のプラスチック生産量

6-2 ポリエチレンプラスチック(ポリエチレン、PE)の構造・特性と用途

●使用量ではチャンピオン

　あらゆるプラスチックの中でもっとも多く生産され、使用されているのがポリエチレンです。身のまわりの製品では、バケツや灯油缶、ポリ袋などがその代表的なものですが、その使用量においては、包装分野が圧倒的に多いのが特徴です。これは材料価格が安いこと、化学的性質が優れていること、成形加工が容易なこと、さらには硬いものから柔らかいものまであり、いろいろな目的に適応できるためです。

●密度の違いで大変身

　ポリエチレンは、石油化学産品であるエチレンガスの重合によって生産する炭化水素系ポリマー（ろうやパラフィンの分子量を大きくしたようなもの）を主体とするポリオレフィン系熱可塑性プラスチックです（図6-2-1）。開発順に大きく分けて、低密度ポリエチレン（LDPE）、高密度ポリエチレン（HDPE）、直鎖状低密度ポリエチレン（LLDPE）に分類されており、原料は同一でも重合方法や分子構造、密度、またそれに伴って種々の物性が異なり、用途分野も分かれています。図6-2-2は、各種ポリエチレンの分子構造の相違、特に枝分かれの様相や側鎖の長さと分布の違いを示したものです。

●包装分野で活躍する低密度ポリエチレン（LDPE）

　低密度ポリエチレンは、ほかのポリエチレンに比べて枝は長く、不規則な分布をしているので、その密度は約0.918〜0.922と低くなります。また、結晶化度、剛性、引張り強さも低く、耐熱温度も80℃から最大でも100℃くらいしかありません。このため100℃以上の環境で製品を使用するときは高密度ポリエチレンを選ぶ必要があるわけです。一方、伸び、衝撃強さはもっとも優れ、透明性も勝っています。

　最大の用途はフィルム製品です。しかし、LDPEフィルムはほとんど水分

を通しませんが、酸素や有機溶剤、フレーバーなどの透過性はかなり大きいので、食品の包装に使用の際には注意が必要です。

低密度ポリエチレンの応用製品は実に幅広く、フィルムや日用成形品はもとより（図6-2-3）、スポンジ、パイプ、工業部品、電線・ケーブルの被覆、大型のブロー容器にも使用されています。これらの中でもスポンジは、浴室マットとして木製すのこの代わりに使用されており、暖かく、軽く、水を吸わないという特長があります。また、メロンなどの包装にも網目状のパイプに成形されたスポンジが使用されています。

図 6-2-1 ポリエチレンの化学構造

図 6-2-2 各種ポリエチレンの分子構造模式図

LDPE（長鎖分岐）　　　HDPE（短鎖分岐）　　　LLDPE（短鎖分岐）

図 6-2-3 低密度ポリエチレンの応用製品例

食品用ラップフィルム　　　容器類

●生活用品でも活躍する高密度ポリエチレン（HDPE）

　高密度ポリエチレンの分子形態は、ほとんど枝分かれを持たないので、低密度ポリエチレンに比べて結晶化度が高く、密度も約 0.935 〜 0.97 と高くなります。一般に密度が上がると、材料の硬さや軟化する温度、荷重に対する抵抗が増大し、逆に衝撃に対する強さや透明性、通気性、曲げ寿命、脆化温度などを減少させることになります。このため使用目的に応じて、いずれのポリエチレンを選ぶかを慎重に検討する必要があります。

　おもな用途には、レジ袋などの極薄強化フィルム、灯油缶、取手付ビン、温水タンクなどのブロー成形品、シール容器、コンテナ類などの射出成形品があります（図 6-2-4）。ほかに、ガス輸送管や上下水道用管などのパイプ、結束テープ、ストッキングなどに使われるモノフィラメントなどがあります。

●強さが特長の直鎖状低密度ポリエチレン（LLDPE）

　低密度ポリエチレンが長鎖分岐や短鎖分岐を合わせ持つ乱雑な分子構造をとっているのに対し、直鎖状低密度ポリエチレンは短い側鎖は持ちますが、主鎖は直線状です。この短い側鎖は「α - オレフィン」と呼ばれる炭化水素（ブテン -1、ヘキセン -1 など）をエチレンに共重合させて生まれたものです。通常の低密度ポリエチレンに比べて、引張り強さや剛性、耐衝撃性、耐熱性、低温特性、ヒートシール性などに優れます。

　おもな用途には、フィルムにしてラミネーションの原反、農業用シート、重袋、包装材、パイプ、電線被覆などがあります。

●その他の特殊なポリエチレン

　ポリエチレンの変わり種には、超高分子量ポリエチレン（UHMWPE）があります。分子量が 100 万以上もあり、通常の成形加工法を用いることは困難ですが、非常な強靭性を有し、かつ滑り性、耐摩耗性が良好で、機械部品などの工業的用途に利用されています。

　また、ポリエチレンの分子間に架橋反応を起こさせたものを「架橋ポリエチレン」と呼び、分子構造が網目構造となるため、耐熱性が大きく改善され、電力ケーブル絶縁被覆材やパイプに使用されています。

ポリエチレンは、各種プラスチック国内生産量のなかで約25%を占め、その用途は、包装分野を中心にさまざまです（図6-2-5）。

図6-2-4　高密度ポリエチレンの応用製品例

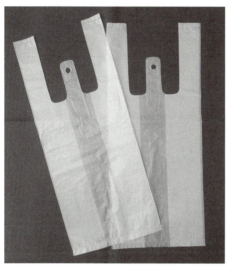

レジ袋　　　　　　　　　　　　　灯油缶

図6-2-5　ポリエチレンの用途別国内消費量

フィルム・シート 66%　　容器 18%　　発泡製品 4%　　パイプ・継手 4%　　機械器具・部品 3%　　日用品・雑貨 2%　　その他 3%

国内消費量 116.5万トン

6-3 ポリプロピレンプラスチック（ポリプロピレン、PP）の構造・特性と用途

●最も軽いプラスチック

　ポリプロピレンは、プロピレンガスの重合によって得られる結晶性の線状ポリマーから構成されています（図6-3-1）。安価・安全で、バランスの良い優れた性質をもつ代表的な基幹的汎用プラスチック材料です。その密度は0.89～091と先の低密度ポリエチレンよりさらに軽く、あらゆるプラスチックの中でも最も軽いものです。

　もともとは繊維をつくることを目的に工業化されましたが、染色性が劣るため繊維としてよりも射出成形品やフィルム分野で需要を拡大し、今日では、各種プラスチックの中で、生産量第2位の座を確保するまでに成長しました。ポリプロピレンの外観や感触は高密度ポリエチレンとよく似ており、ほとんど見分けがつきませんが、軽さや硬さの点で優れています。また、耐熱温度も約110℃～140℃と、ポリエチレンの約60℃～90℃に比べ高く、引張り強さも優れています。さらに、通気性が低く、油による膨潤が少なく、材料の透明性でもやや優れています。

　他のプラスチックにまねのできないポリプロピレンの特長に「ヒンジ効果」があります。ヒンジとは蝶番（ちょうつがい）のことで、ポリプロピレンの出現で、ふたと箱本体をヒンジで一体に、しかも1回の成形で作り上げることが可能となりました。ヒンジ部の厚みはわずか0.2～0.5mm程度で、理想的な成形が行われれば100万回もの折り曲げにも耐えるものができます。

●強さの秘密は立体規則性にあり

　ポリプロピレンは、立体規則性ポリマーであることもよく知られています。この立体規則性とは、直鎖状分子の長い分子鎖にわたり構成単位が規則正しい立体配置をとっているポリマーのことで、置換基がすべて同じ向きのアイソタクチック（i-PP）、交互に同じ向きのシンジオタクチック（s-PP）、ランダムなアタクチック（a-PP）の3つがあります（図6-3-2）。ポリプロピレン

の立体構造もこれらの3形態がありますが、a-PPはホットメルト接着剤などに、s-PPは改質材などに少量使用されているに過ぎず、ほとんどの用途には優れた特性を持つi-PPが使用されているのが現状です。

ポリプロピレンは比重が小さいことはもとより、耐熱性、剛性に優れ、また耐水性、耐薬品性、絶縁性も良好です。これらの優れた特性から、日用雑貨や玩具、家電部品、各種包装資材、自動車部品、物流資材（コンテナ）、医療容器、繊維などきわめて広範囲で使用されています（図6-3-3, 6-3-4）。

図6-3-1　ポリプロピレンの化学構造

図6-3-2　ポリプロピレンの立体規則性と特徴

アイソタクチック（i-PP）
メチル基はすべて同じ向き。
高融点、高弾性率、透明度は低い。

シンジオタクチック（s-PP）
メチル基は交互に同じ向き。
低融点、低弾性率、透明度は高い。

アタクチック（a-PP）
メチル基はランダムな向き。
不定形。

図6-3-3　ポリプロピレンの用途別国内消費量

図6-3-4　ポリプロピレンの応用製品例

ポリプロピレンの特性を生かした「ヒンジ」キャップ付きのふた。

洗濯ばさみ、シャボン液容器

6-4 ポリ塩化ビニルプラスチック（ポリ塩化ビニル、PVC）の構造・特性と用途

●塩と石油から生まれたユニークなプラスチック

ポリ塩化ビニルは、その製品が「ビニール」または「塩ビ」と呼ばれて日常生活に浸透しています。ラップ、テーブルクロス、電気コード、ビニルレザーなど身のまわりの日用雑貨品から、水道管、継手、窓枠などの土木建築資材、古くはレコード盤まで幅広く使用されています。長い間、各種プラスチックの中で生産量第1位を誇っていましたが、ポリエチレンやポリプロピンに追い越され、今日では第3位の生産量を占めています。

その化学構造は図6-4-1に示すように、他のプラスチックとは異なり、原料の約6割が塩（塩化ナトリウム）であること、分子構造に塩素原子をふくんでいることが最大の特徴です。また、この塩素原子のおかげで、耐水性、耐薬品性、耐候性が高く、難燃性、電気絶縁性に優れるなど多くの特長を示し、エコプロダクトとしても見直されています。欠点としては熱安定性が低いことで、成形加工に際しては安定剤の添加が不可欠です。また、燃焼時には有毒な塩素ガスが発生し、廃棄物を焼却処理する際にも注意が必要です。

●硬質PVCと軟質PVC

ポリ塩化ビニルは、分子間の力の作用を小さくする薬品（可塑剤）を加えることで、幅広い柔らかさ・硬さの製品をつくれることも大きな特長です。可塑剤をふくまないものを硬質PVCと呼び、耐衝撃性はやや劣るものの、その他の種々の機械的性質に優れています。他の多くのプラスチックが、太陽光に比較的弱い性質を示すのに対し、特に硬質PVCは抵抗力があり、長期の使用にも耐えます。そのため、水道管やデッキ材、ベンチ材、波板屋根材、雨どい、窓枠など幅広い用途に使われています。

一方、可塑剤をふくむ軟質PVCの特徴は、硬質PVCでは得られない柔軟なフィルムや成形品が得られることで、その用途は、包装用、農業用のフィルムやシート、車両、家具、衣料、カバンなどに用いるレザー（合皮）、電

線被覆、ホースなど多様です。軟質PVCは食品包装材料としても重要な役割を果たしていますが、近年では可塑剤の移行の問題や脱塩素化の社会的要請から、ポリオレフィン系材料に代替されつつあります（図6-4-2, 6-4-3）。

図6-4-1　ポリ塩化ビニルの化学構造

図6-4-2　ポリ塩化ビニルの用途別国内消費量

図6-4-3　ポリ塩化ビニルの応用製品例

ビニールテープ　　　　　　　　　　ビニールホース

6-5 ポリスチレンプラスチック（ポリスチレン、PS）の構造・特性と用途

●「割れないガラス」をめざして

　キッチンの砂糖や塩、粉などを入れる透明な容器や計量カップ、歯ブラシの柄、また食品トレーやカップめんの容器など、私たちが目にする機会の多いプラスチックのひとつがポリスチレンです。液状のスチレンモノマーを加熱重合することで製造されます（図6-5-1）。

　ポリスチレンは、スチロール樹脂とも呼ばれ、1953年頃から製品が市場に出始めました。当時「割れないガラス」というキャッチフレーズで登場し、数多くの製品がこのプラスチックのすばらしい透明性、優れた表面光沢、着色の自由性、耐水性、成形性などを生かしてつくられました。しかし残念なことに、脆く、傷がつきやすく、熱と多くの有機溶剤に弱いという欠点があり、特に割れやすいという欠点は、魅力的だった「割れないガラス」というキャッチフレーズをも返上させる決定的要因になってしまいました（図6-5-2）。

●事務用品から電気器具まで

　こうした苦い経験から、多くの企業がポリスチレンの改良に取り組み、他の高分子材料との組み合わせによって、耐衝撃性ポリスチレン（HI-PS）やASプラスチック、ABSプラスチックといった優れたポリスチレンの兄弟樹脂を生み出し、その用途を拡げました。ちなみに、これらとの区別のために従来のものを汎用ポリスチレン（GP-PS）と呼びます。

　耐衝撃性ポリスチレン（HI-PS）は主として脆さを改良したもので、ポリブタジエンと呼ぶ合成ゴムとポリスチレンとの組み合わせでできており、衝撃強さが2倍以上に上げられていますが、ポリスチレンの利点である透明性と表面光沢がなくなります。HI-PSでつくられている製品には、プラモデル、大型テレビキャビネット、冷蔵庫の内張り、各種事務用品などがあります。

　ASプラスチックはアクリロニトリルとスチレンを組み合わせて作られたもので、ポリスチレンの欠点である耐熱性、耐候性、機械的強度などが改良

されており、扇風機の羽根、電力計カバー、ボールペンの軸、化粧品容器、使い捨てライターなどに使用されています。欠点は成形性がポリスチレンより劣ることです。

●発泡ポリスチレン

ポリスチレンの発泡体は、「発泡スチロール」の名で家庭や流通分野で親しまれてきました。ポリスチレンに発泡剤を加えたものを金型に入れ加熱、成形したものです（図6-5-3）。その発泡倍率は50〜100倍となり、耐衝撃性、保温・断熱性、遮音性に優れるため、大型バルク状の包装資材、緩衝材として家電製品の梱包材、建築用断熱材などに広く用いられています。

押出機により発泡成形したものは、ポリスチレンペーパー（PSP）と呼ばれ、この場合の発泡倍率は10〜20倍です。生鮮食品の物流容器に欠かせないものとなっています。

図6-5-1　ポリスチレンの化学構造

図6-5-2　ポリスチレンの用途別国内消費量

図6-5-3　ポリスチレンの応用製品例

計量カップ、テープホルダー

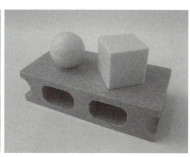

発泡スチロールブロック

6-6 ABSプラスチック（ABS）の構造・特性と用途

●ポリスチレンとは兄弟関係

ABSプラスチックは、アクリロニトリル（AN）とブタジエン（BD）、スチレン（ST）を組み合わせることで、ポリスチレンの欠点である耐熱性、耐薬品性、耐衝撃性を向上させたプラスチックです（図6-6-1）。ポリスチレンとは兄弟の関係と言え、それぞれの単量体の頭文字をとってABSと呼ばれています。AN、BD、STの3成分の調整により対応できる幅が広く、非常にバランスのとれた性質をもっています。

● ABSの長所・短所

ABSの最大の特長としては、優れた耐衝撃性があります。とくに耐衝撃性の温度による変化が少ないことから、各種電気器具の外装に用いられています。また、耐熱性・電気特性にも優れ、加工適性も良好で、射出成形、押出成形、ブロー成形、真空成形などあらゆる加工法が適用でき、寸法安定性・光沢性も優れています。欠点としては、ブタジエン成分の存在に起因して耐候性に問題があることです。このため、屋外使用に際しては、顔料の添加や塗装などの工夫がなされています。

●金属メッキで拡がる特性・用途

ABSは金属メッキができることも大きな特長です。これは、化学エッチングにより表面に近いブタジエン成分が抜け落ちて空洞が生じ、その中にメッキの金属が入り込むためと説明されています。金属メッキを施したABSは、外観の美しさだけでなく、機械的な強度が上昇し、耐熱性や耐候性も高くなります。

● ABSのおもな用途

ABSはその優れた特性から、スチレン系プラスチックの中ではもっとも

広い範囲で使用されています。自動車用としては、ラジエターグリル、インストルメントパネル、コンソールボックスなど、家電では、冷蔵庫、洗濯機、掃除機、ドライヤーなどの筐体、一般機器・OA機器では、携帯電話・スマートフォン、パソコン、プリンタなどのハウジング、このほか、文具、玩具、スポーツ用具、トランクなど、その用途は多彩です。また、和風照明器具の枠や時計のケース、住宅用建材としての幅木など、木目仕上げの外観を製品に付加したい場合にも用いられています（図6-6-2, 6-6-3）。

図6-6-1　ABSの化学構造

A（アクリロニトリルユニット）　B（ブタジエンユニット）　S（スチレンユニット）

図6-6-2　ABSの用途別国内消費量

| 自動車部品 38% | 日用品・雑貨 25% | 電気機器 12% | 機械器具・部品 11% | 建材 10% | その他 4% |

国内消費量 22.9万トン

図6-6-3　ABSの応用製品例

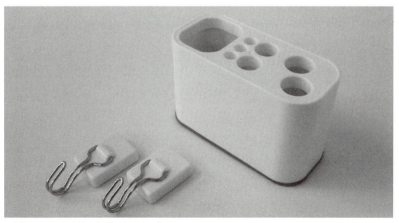

マグネットフック本体、歯ブラシスタンド

6-7 ポリエチレンテレフタレート（PET）の構造・特性と用途

●フィルムは薄くても強靱

　ポリエチレンテレフタレートは、石油からつくられたテレフタル酸とエチレングリコールとの重縮合により合成される結晶性のプラスチックで、英語名の頭文字をとって PET という呼び名で広く親しまれています（図6-7-1）。PET はテトロンの名称で繊維製品用途が主力でしたが、プラスチックとしては、フィルムやシートとガラス繊維で強化した成形品が多くみられます。とくに近年は、ボトル分野の需要が飛躍的に増大しています（図6-7-2）。

　PET フィルムは強靱で、二軸延伸を施せば、透明性、可とう性、引裂き強さ、衝撃や屈曲強さに優れ、その特性はプラスチックフィルム中最高の部類に属します。また、耐熱性や電気特性にも優れ、磁気テープ、電気絶縁用フィルム、包装フィルム、金属蒸着フィルムなどに使われています。

　押出成形で製造されるシートは、急冷すると非晶性のままで、透明で光沢があり、耐油性・耐薬品性も優れるため、IT 関連分野の部品や食品容器に幅広く使用されています（図6-7-2）。これに対して、結晶化させたものは、250℃に近い雰囲気温度（周囲の温度。大気中であれば気温）でも変形せず、オーブン・電子レンジ両用トレイなど耐熱性の食品容器として利用されています。

　さらに、金属に匹敵する剛性があるため、成形品では、冷房装置や温風ヒーターのファンをはじめ家電製品の各種部品に用いられています。また、電気工具、OA 機器部品、自動車部品、レジャー用品として、耐熱性・強靱性が要求されるところにも用いられます。

●ボトル分野で独走

　もっとも私たちに身近なものとして、ブロー成形によりつくられた飲料用 PET ボトルは日常生活に欠かせない存在となりました。重いガラスびんに比べ、トラックに2倍以上も多く積むことができ、落としても割れないこと、

またリシールができ、中身が見えることが消費者に受け入れられ、急激に市場が拡大しました。現在では、年間約 200 億本もの PET ボトルが製造されています。また、飲料用 PET ボトルは判別が容易で、回収に適しているためリサイクルの点でも優等生です。回収された PET ボトルは粉砕・洗浄・乾燥などの工程を経て、再生 PET としてワイシャツやカーペットなどの繊維製品、洗剤容器、文具類、コンテナなどに再利用されています。

図 6-7-1　PET の化学構造

HOOC─⟨ ⟩─COOH + HO─(CH$_2$)$_2$─OH $\xrightarrow{\text{重縮合}}$ ─[CO─⟨ ⟩─COO─(CH$_2$)$_2$O]$_n$─

テレフタル酸　　　エチレングリコール　　　　　　　　　ポリエチレンテレフタレート

図 6-7-2　PET の応用製品例

PET 容器、
PET ボトル

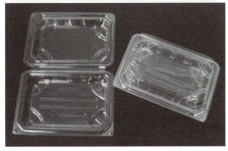

PET 食品容器

6-8 ポリカーボネートプラスチック（ポリカーボネート、PC）の構造・特性と用途

●哺乳びんから高速道路の遮音壁まで

赤ちゃんの時にお世話になった哺乳びんを覚えている人は少ないかもしれませんが、透明で小型の電話ボックスや機動隊が持つ透明な楯、信号機、高速道路の遮音壁を知らない人はいないと思います。これらの製品はすべてポリカーボネートによってつくられています。

ポリカーボネートは、その分子鎖にカーボネート結合を有する非晶性のプラスチックの総称で、ビスフェノールAという化合物を主原料とするものがコストパフォーマンスの点で優れていることから、これを一般にポリカーボネートと称しています（図6-8-1）。

●弾丸をも通さない強さ

このプラスチックの最大の特長は、外部からの衝撃に極めて強いことです。4枚積層・25mm厚のポリカーボネート板は銃弾の貫通を食い止めることから、防弾材料として射撃場の建物や装甲車にも使用されているほどです。工事現場ではヘルメットとしても用いられています。また、スポーツ選手の眼鏡は、安全性の上からポリカーボネート製のものが義務付けられており、スキー用のゴーグルもこのプラスチックでつくられています。

●バスの窓やカーポートにも採用

ほかにもポリカーボネートの衝撃のよさを生かした製品があります。それは窓ガラス分野です。この場合はアクリルやポリスチレンに次ぐ透明性の良さが大いに役立っています。バスの窓や待合室の風除け、カーポートの屋根などにその分野が拡がっています。ただし、ガラスと比べて傷がつきやすいこと、静電気が原因でほこりが付着しやすいことなどは大きな欠点です。

●厳しい環境にも耐える

　ポリカーボネートは、ポリ塩化ビニルやアクリルと並んで厳しい外部環境にも耐える優れた性質をもっています。常時強い太陽光線と風雨にさらされる信号機や太陽温水器のカバー、工事標識用回転灯のグローブなどに使用されているのはこのためです。さらに、ポリ塩化ビニルやナイロンと同じように自己消火性のプラスチックのため、多少とも燃える危険性のある電子機器類のカバーなどにも使用されています。

　これらの用途のほか、アルミダイキャスト製品にかわるものとして、ポリカーボネートにガラス繊維を混ぜて成形した製品が数多くつくられています。カメラやパソコン、携帯電話・スマートフォンのハウジングがその例ですが、寸法精度、強度、耐摩耗性、軽量さ、価格などの点で従来の材料でつくるより優れていると言えます。図6-8-2は、ポリカーボネートの用途別国内消費量を表し、図6-8-3は応用製品例です。

図6-8-1　ポリカーボネートの化学構造

ビスフェノール-AタイプのPCの化学構造

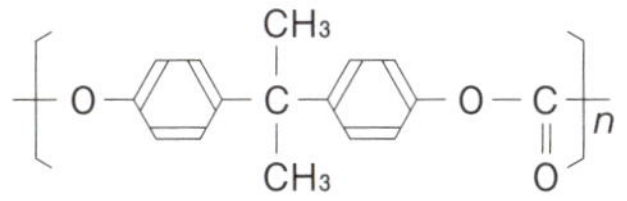

図6-8-2　ポリカーボネートの用途別国内消費量

図6-8-3　ポリカーボネートの応用製品例

ボトル用キャップ

6-9 ポリアミドプラスチック（ポリアミド、PA）の構造・特性と用途

●石炭と水と空気でつくられたプラスチック

　ポリアミドは、分子鎖にアミド結合をもつプラスチックで、通常ナイロンと呼ばれています。燃やすと毛髪を燃やした匂いがしますが、それもそのはずで、ポリアミドと毛髪は同じ化学構造をもっています。

　ポリアミドは、1939年に米国デュポン社が「石炭と水と空気からつくられ、くもの糸よりも細く、鉄よりも強い」というキャッチフレーズで、絹に代わる合成繊維としてナイロンの名称で売り出しました。現在も、ストッキング、下着、洋服地などの繊維製品がこのポリアミドでつくられていますが、プラスチックのポリアミドもこれとまったく同一のものです。

●ナイロン6は日本で発明

　ポリアミドには多くの種類がありますが、現在需要量の多いものはPA6とPA66です。両者の化学構造は、図6-9-1のとおりで、繰り返し単位の炭素数が6個であるものがPA6、繰り返し単位が炭素数6個の成分と6個の別の成分が結合しているものがPA66と表現されています。日本ではPA6が主流ですが、これはその優れた合成法が日本で発明されたためです。

　そのほかポリアミドには、繰り返し単位にふくまれる炭素の数によって、PA46、PA11、PA12などがあります。一般に炭素の数が大きくなるほど耐水性に優れ、逆に小さいほうが耐油性はよくなります。

●強靭で油に強い

　ポリアミドは細い繊維にすると柔らかそうに見えますが、エンジニアリングプラスチックに属し、硬くて強靭なプラスチックです。このエンジニアリングプラスチックというのは、主として工業部品用に使用される、金属を代替するプラスチックの総称です。

　エンジニアリングプラスチックの中では、ポリアミドは硬さが低い部類に

属しますが、その分強靭で、摩擦・摩耗にも強く、軸受け、ギア、ローラー、歯車、電動工具ハウジング、ラケットのガット、歯ブラシの毛、釣り糸などに用いられています。また、耐熱性・耐油性が良好で、有機溶剤にも耐えるため、自動車のエンジンルーム部品、燃料部品、燃料チューブにも採用されています。耐油特性を生かして、透明なナイロンフィルムがポリエチレンとのラミネートフィルムとして、油ものの食品の包装材料に用いられています。これはナイロンフィルムが油やフレーバーには強いけれど水を若干通す性質があるためで、水に強いポリエチレンフィルムとラミネートして、水にも油にも強くしています。図 6-9-2 は、ポリアミドの用途別国内消費量を表し、図 6-9-3 はポリアミドの応用製品例です。

図 6-9-1　PA6 と PA66 の化学構造

PA6
$$\mathrm{\{NH\mathchar`-(CH_2)_5\mathchar`-CO\}}_n$$

PA66
$$\mathrm{\{NH\mathchar`-(CH_2)_6\mathchar`-NHCO\mathchar`-(CH_2)_4\mathchar`-CO\}}_n$$

図 6-9-2　ポリアミドの用途別国内消費量

図 6-9-3　ポリアミドの応用製品例

ストッキング

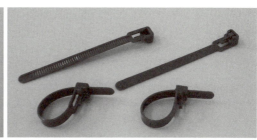

結束バンド

6-10 アクリルプラスチック(PMMA)の構造・特性と用途

●透明性はクリスタルガラスに匹敵

　一般にアクリルプラスチックは、メタクリル酸メチルの重合によって得られる非晶性のプラスチックを指し、メタクリル樹脂とも言います（図6-10-1）。

　最大の特長はその透明性にあり、可視光線の透過率は、3mmの厚板で93％（ガラスは90％程度）を誇ります。高い屈折率、比重はガラスの約1/2、耐衝撃性はガラスの十数倍、容易に着色が可能で、表面硬度も高く光沢に優れているなどの特性があります。この高級感のある質感と美麗さから「プラスチックの女王」の称号もあります。

●透明性を生かした種々の製品

　そこで、このプラスチックでつくられている製品には透明性を生かしたものが多く、時計のガラス、サングラス、化粧品ケース、婦人用の傘の柄、照明カバー、商品ディスプレー什器、案内板などに使われています。その他、航空機の風防ガラス、ヘリコプタードーム、カメラなどの光学用レンズ、光ファイバーのコア材などにも使用されており、水族館の超大型水槽もこのプラスチックで製作されています（図6-10-2, 6-10-3）。

●屋外仕様に耐える

　アクリルプラスチックの第2の特長は、屋外での長期使用にも耐えることです。建物の屋根に明り採り用窓として使われたり、屋外看板や自動車のテールランプカバー、さらには航空機の窓にまで使用されたりしているのはこのためです。屋外で使用する他のプラスチックの表面にアクリルプラスチックの塗装を行い、退色や劣化を防ぐ方法も取られています。

●人に豊かさを与えるプラスチック

アクリルプラスチックは食品衛生法にも合格しており、義歯、義歯床、ハードコンタクトレンズ、人口透析膜など人体に直接接触する医療用途にも用いられるほど人体に対し安全性が高い材料です。

PE、PP、PVC、PSに代表される四大汎用プラスチックが資材として生活の基盤を担っているとすれば、アクリルプラスチックは、人に豊かさを与える素材としての役割を担っているといえるかもしれません。

図6-10-1　アクリルプラスチックの化学構造

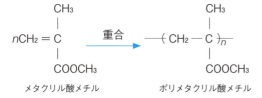

メタクリル酸メチル　　　ポリメタクリル酸メチル

図6-10-2　アクリルプラスチックの用途別国内消費量

| 機械機器・部品 40% | 板材 32% | 日用品・雑貨 7% | 強化製品 4% | その他 17% |

国内消費量 3.0万トン

図6-10-3　アクリルプラスチックの応用製品例

マドラー、定規

アクリルプラスチックで、水族館の超大型水槽をつくっているようす。

（写真提供：日プラ㈱）

6-11 シリコーンプラスチック（シリコーン、SI）の構造・特性と用途

●シリコンとシリコーンは別のもの

　地球の表層を構成する成分のうち、酸素の次に多い元素がケイ素（Si）です。ケイ素は単体では自然界には存在せず、酸素と結びついてケイ石として存在しています。このケイ石からまず金属ケイ素をつくり、さらに複雑な化学反応を経てつくり出されたのが、無機と有機の性質を兼ね備えるシリコーンプラスチックです。

　半導体や太陽電池に使われるシリコンとよく間違われますが、両者はまったく別のものです。シリコンはケイ素そのもののことですが、シリコーンはケイ素をもとにつくり出された人工の化合物の総称です（図6-11-1）。

●ユニークなプラスチック

　シリコーンは、無機と有機の両方の特性をあわせ持つ非常にユニークなプラスチックです。そのシリコーンの優れた特性をつくり出しているのが、シロキサン結合と分子構造です。図6-11-2に示すように、シリコーンは無機質のシロキサン結合（-Si-O-Si-）が主鎖で、側鎖に有機基（図ではRと表示）がつながった構造をしています。このシロキサン結合は、ガラスや石英などの無機物と同じ構造で、一般的なプラスチックの主鎖であるC-C結合よりも結合エネルギーが非常に大きいのです。そのため、200℃という高温になってもその結合が壊れることがなく、化学的に安定しており、耐熱性・耐候性に優れています。一方、シリコーンの表面は、側鎖の水になじみにくい有機質で覆われているため、表面エネルギーが低いのです。この分子構造に由来するのが、耐寒性・撥水性・離型性や温度依存性が小さいなど、シリコーンならではのユニークな特長です。

●楽しいキッチンタイムを演出

　以上のような特長から、シリコーンは、自動車のエンジン回り、ランプ、ヒー

ター周辺のパッキンやカバー、建築用ガスケット、電線被覆などに使用されています。また、コンピューターや携帯電話・スマートフォン・リモコンなどのキーパッド、複写機ロール、カテーテル、哺乳びん乳首、スマートフォンのカバーなどにも広く使用されています。

最近、キッチン用品売り場やインターネットショッピングサイト、さらには100円ショップでもよく見かけるようになったシリコーン製のキッチン用品はアイテムも増えて、注目を集めています。

シリコーンは耐熱性や安全性に優れているだけでなく、水洗いができて衛生的、柔らかいので手になじみやすい、テフロン加工の鍋などを傷つけないなどの特長から、鍋つかみ、鍋敷き、ゴムベラ、落としぶた、ケーキ型など、さまざまなキッチン用品の素材として使われています。また、成形や着色もしやすいため、多彩な形とカラフルな色合いが楽しいキッチンタイムを演出してくれます（図6-11-3）。

図6-11-1　シリコンとシリコーン

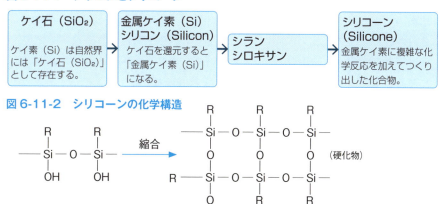

図6-11-2　シリコーンの化学構造

図6-11-3　シリコーン製のキッチン用品例

フライ返し、お玉の先、製氷トレイ

高分子の父、プラスチックの父

　プラスチックが、数千から数万以上という大きな分子量をもつ物質、すなわち高分子からできていることは本文に解説しましたが、小さな分子量の有機物が共有結合で長くつながることによって分子量の大変大きな巨大分子を形成するということが世に認められたのは、実は今からたった80年ほど前のことです。

　1920年代末、ドイツの化学者シュタウディンガーは、天然ゴムなどを用いた数々の実験例を用いて、「高分子の概念」を確立しました。高分子時代の幕開けをもたらしたシュタウディンガーは「高分子の父」と呼ばれ、後年、高分子化学の分野で初めてノーベル賞を受賞しています。

　一方、プラスチックの歴史は、ベルギー生まれのベークランドが1909年にアメリカで成功した「フェノール樹脂」の工業化から始まるとされています。ベークランドは、大学で有機化学を学んだ後、アメリカに移住し、写真会社で印画紙の研究をしていました。1905年から始めた新しい塗料の研究実験の途中、フェノールとホルムアルデヒドを混ぜてみると、試験管の中の物質は水あめのようになり、熱すると固まりました。世界で初めて完全に化学的に合成されたプラスチック「フェノール樹脂」の誕生でした。

　ベークランドはこの物質に「ベークライト」という商品名をつけ、1909年に特許を取得、ベークライト社を設立して社長になりました。このベークライトの発明は、プラスチック時代の到来を意味するものでした。そのためベークランドは「プラスチックの父」と呼ばれるようになりました。

　高分子の概念が確立されるよりずっと以前に、プラスチックがすでにこの世に存在していたことは、ちょっとした驚きですね。

第7章

進化する プラスチック

20世紀において、素材として金属や無機材料を席巻してきた
プラスチックには、その大半が石油を原料とするが故の、
地球環境や資源の枯渇という大きな課題があります。
本章では、「複合」や「機能」を切り口に進化するプラスチックが、
すでに身近な製品となっている例を解説しています。

7-1 強化プラスチックのしくみと化学

●材料の組み合わせで特性向上

　プラスチックはその各々が素晴らしい材料ですが、すでに成熟期に達したと言われるプラスチック産業において、単一素材でユーザーの多様な要求性能に満足に応えることは、もはや限界にきていることも事実です。そのため、プラスチックにおける新素材開発の次なる手法として、「複合化」が欠かせない条件となってきました。このことは、ライバルである金属材料の大部分がすでに合金という形で複合化され、また、無機材料も初めから複合系として用いられてきたことからも必然の成り行きであると思われます。

●絶大なガラス繊維の効果

　複合材料とは、「2種類以上の材料から構成され、それぞれ単独の材料の長所を保ちながら短所は少なくなるように工夫した材料」のことです。プラスチック複合材料では、熱硬化プラスチックとガラス繊維（強化材）とを組み合わせたものが有名で、ガラス繊維強化プラスチック（GFRP）と呼んでいます。一般に熱硬化性プラスチックは、成形材料が液状で粘度が低く、ガラス繊維に容易に含浸させることができるため、ガラス繊維の形や長さを維持したままで成形品にすることが可能です。強化繊維は長いほどその補強効果が高く、熱硬化性プラスチックでは極めて強度の高い成形品にすることができます。また、ガラス繊維含有率も、30〜70wt%と非常に幅広いものが使用可能です（図7-1-1）。

　GFRPの代表例は、不飽和ポリエステルとガラス繊維の組み合わせで、ガラス繊維をわずか10wt%加えただけで強さは2倍以上に、耐熱性も10℃以上向上することが知られています。ボート、ヨット、漁船などの船舶や、自動車（バンパー、エンジンカウリングなど）、鉄道車両（車体、寝台、トイレユニットなど）、住宅（バスタブ、洗面ユニットなど）、建設資材（タンク、パイプなど）の分野で年間約26万トンが使用されています（図7-1-2）。

●身近なものからスペースシャトルまで

近年、先端複合材料として実用化の先陣を切ったのがエポキシプラスチックとカーボン繊維を組み合わせた炭素繊維強化プラスチック（CFRP）です。

炭素繊維はガラス繊維などのほかの強化繊維に比べ軽量であるため、重量当たりの強度と弾性率が極めて高いことが特長で、耐熱性や耐薬品性、疲労特性も優れています。そのため、ゴルフシャフト、テニスラケット、釣ざお、自転車のフレームなどスポーツ・レジャー用品や、自動車（フェンダー、エンジンフード、プロペラシャフト、リアスポイラーなど）、宇宙・航空（航空機の垂直・水平尾翼、スペースシャトルの垂直尾翼など）などの分野で着実に実績を重ねています。

図 7-1-1　ガラス繊維強化プラスチック（GFRP）断面の電子顕微鏡写真

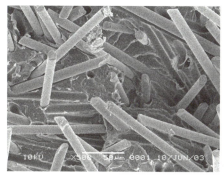

（写真提供：喜多泰夫）

図 7-1-2　強化プラスチック（FRP）の用途別国内消費量

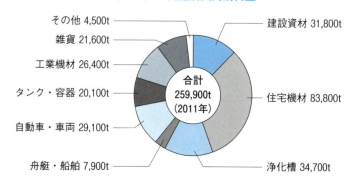

7-2 光学用プラスチックのしくみと化学

●無機ガラスに挑戦するプラスチック

　プラスチックの中には、アクリルをはじめポリスチレン、ポリカーボネートなど透明性の高い材料が多く知られています。これらのプラスチックは、その光学特性に加えて軽量で成形加工も容易なため、無機ガラスに代わって光学用の材料としての応用が考えられてきました。今日では、プラスチック系光学材料は、メガネレンズや光学レンズなどのレンズ分野をはじめ、光学機器、光ディスク、導光板、光ファイバー、液晶ディスプレイ用光学フィルムなどの光情報技術分野でも不可欠の材料となっています。

●光学用プラスチックの化学構造と特性

　光学材料としては、透明性、高屈折率、低分散特性（屈折率の波長依存性が低いこと）などの基本的な光学特性は言うに及ばず、耐衝撃性、耐摩耗性、耐熱性、低吸水性、耐候性、成形性なども要求されます。そのため、多くの透明なプラスチックの中でもこれらの要求項目に応えられるものとして、アクリル、ポリカーボネート、環状ポリオレフィン、フルオレン系プラスチック、CR-39などが光学用プラスチックとして使用されています（図7-2-1）。CR-39は、光学用プラスチックの中で唯一の熱硬化性プラスチックで、ガラス型の中でゆっくり重合することで製品化します。

　表7-2-1にこれら光学用プラスチックの特性値を無機ガラスと比較して示しました。なお、「アッベ数」は、この値が大きいほど分散特性が優れています。それぞれの光学用プラスチックには一長一短があり、用途による取捨選択が重要であることがわかります。

●メガネレンズから光ファイバーまで

　メガネレンズ用材料としては、明るく、解像度が高く、耐擦傷性に優れるアクリルやCR-39が、また光学レンズには、屈折率が高く、色収差や光学

ヒズミの小さい環状ポリオレフィンやフルオレン系プラスチックが主として用いられています。光ディスク用途には低複屈折に加え、耐衝撃性、耐熱性、低吸水性、離形性、転写性などの観点からポリカーボネートが多用されています。また光ファイバーにはアクリルが、導光板には製品の要求特性レベル応じて、アクリル、ポリカーボネート、環状ポリオレフィンが使い分けされています（表7-2-2）。

図 7-2-1 環状ポリオレフィン、フルオレン系プラスチック、CR-39 の化学構造

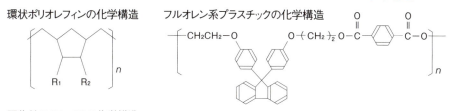

表 7-2-1 光学用プラスチックと無機ガラスの特性比較

特性項目	アクリル	ポリカーボネート	環状ポリオレフィン	フルオレン	CR-39	無機ガラス
比重	1.19	1.2	1.01〜1.08	1.22	1.32	2.4〜5.2
全光線透過率(%)	92	90	90〜92	90	91	90〜91
屈折率	1.49	1.58	1.51〜1.54	1.61	1.5	1.42〜1.92
アッベ数	59	30	54〜57	27	58	21〜83
耐熱温度(℃)	100	140	120〜160	120	140	500〜700
吸水率(%)	2.0	0.3	<0.1	0.2	—	

表 7-2-2 光学用プラスチックのおもな用途例

分野	用途例
メガネレンズ	度付レンズ、サングラス、工業用安全メガネ、偏光サングラス
光学レンズ	撮影レンズ（カメラ、携帯電話、ビデオカメラ）、ピックアップレンズ、複写機レンズ、投影レンズ
光ディスク	CD、CD-R、DVD、BRD
光ファイバー	短距離光通信、光センサ、ライトガイド、ディスプレイ、イメージガイド
導光板	液晶ディスプレイ用（テレビ、携帯電話、ゲーム機）

7-3 感光性プラスチックのしくみと化学

●光化学反応により変化するプラスチック

 化学反応の中には、光を照射することによって進行するものが数多く知られています。たとえば、架橋反応や分解反応、重合反応などは光によっても起こすことができます。これらを「光化学反応」と呼び、感光性プラスチックは、光の作用で化学反応を起こす一連のプラスチックを言います。

 感光性プラスチックに可視光線や紫外線などを照射すると、何らかの光化学反応が起こり、その結果、溶解性、粘度、硬さ、強度、透明度、屈折率などの諸物性が変化します。感光性プラスチックは、光照射前後のこれらの物性変化を利用することにより、さまざまな分野に応用されています。

●広がるフォトレジスト技術

 感光性プラスチックの用途・分野は広範囲にわたりますが、主要なものは画像やパターン形成の分野と光硬化の分野です。

 前者は写真と同様に光の当たった部分と当たらない部分とを区分けして画像やパターンを形成するもので、かなり古くから実用化されています。中でも最も有名なものがアメリカのコダック社が開発した「フォトレジスト」です。このフォトレジストに光照射すると、側鎖基が架橋反応を起こし、その結果鎖状高分子が三次元網目構造となり溶剤に不溶となります（図7-3-1）。溶剤による現像処理で非露光部は溶解除去されますが、露光部は除去されず耐エッチング性の薄膜が形成されます（図7-3-2）。元来、金属凸版やグラビアなどの製版に使用されていましたが、今日では、金属加工や各種電子デバイス、IC、LSIなどの半導体の製造にも広く用いられています。

●ネイルアートから光造形まで

 光硬化は、従来の熱硬化や溶剤揮発による乾燥プロセスに代わって、短時間、低温、無溶剤などの特徴をもつプラスチック硬化技術として定着しつつ

あります。インキ、塗料、接着剤、コーティング剤、光成形材料など非常に幅広い分野で応用されています。

　爪にさまざまな装飾を施すネイルアートでは、液状の感光性プラスチックを爪に塗り、UVライトを使って紫外線を当てて硬化させます。従来のように加熱して溶剤をなくす必要がないため、熱くもなく、臭いもなく、短時間で処理できる利点があります。また、液状の感光性プラスチックをシリカなどと混合してパテ状にしたものは、合金アマルガムやセメントに代わる虫歯治療用の充てん材としても利用されています。その他、固体化の応用として、レーザーによる光硬化を利用して、CADデータから直接モデルを成形する三次元プリンターを用いた光造形も実用化されています。

図7-3-1　フォトレジストの化学構造

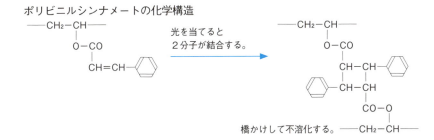

図7-3-2　レジストパターンの成形工程

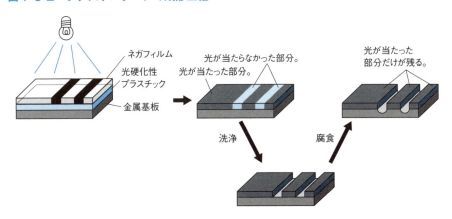

7-4 高吸水性プラスチックのしくみと化学

●驚異的な吸水能力をもつプラスチック

　水を吸水する高分子材料としては、パルプや綿布のような天然繊維が古くから知られており、脱脂綿やティッシュペーパーとして使用されています。しかし、これらの物質の吸水能力はせいぜい自重の数十倍程度であり、しかもこれらの材料は毛細管現象で水を吸収するために、外圧を加えると、その水分は容易に押し出されてしまいます。

　これに対して、高吸水性プラスチックは、自重の数百倍から数千倍の大きな吸水能力をもち、外圧を加えても水を容易に放出せず保持できる材料です。

●化学の力で吸水・保水するしくみ

　一般に、物質が水を吸収するしくみには、物理的吸水と化学的吸水があります。物理的吸水は、海綿やスポンジ、紙パルプなど多孔質物に代表される物質の構造による吸水です。この場合、水は毛細管現象によって物質の隙間に入り込んでいるだけで、押したりすると染み出てきます。

　一方、化学的吸水とは、物質の分子そのものの化学的な結合による吸水で、分子中の水と結合しやすい親水基が、水の分子と水素結合することによって次々と繋がっていくことに起因します。高吸水性プラスチックは分子内にこの親水基（—COO^-M^+、M^+ は Na^+ や K^+ など）を多く持っており、そこに水の分子が水素結合することで多量に吸収できるのです。

　この吸収された水が押しても出てこないのは、高吸水性プラスチックが架橋した三次元網目構造をとっているからです。親水基の作用により高分子鎖の網目内に多量の水が浸入してきた際に、それらの水分子をネットのように包み込み、網目内に取り込まれた水を逃がさない役目をしています。こうして吸水力と保水力の両機能が発揮されることになります（図7-4-1）。

●紙オムツから砂漠の緑化まで

　高吸水性プラスチックは、その驚異的な吸水力と一度吸収した水は多少の圧力では離水しないという保持性から、開発当初よりパルプや吸水紙に代わる素材として生理用品や紙オムツに実用化されました。その後も、農業・園芸、食品およびその流通資材、土木・建築、化粧品・トイレタリー、メディカルなど幅広い分野で利用されています。また最近では、土壌保水材として砂漠の緑化計画に応用することも計画されています。代表的な高吸水性プラスチックの種類とその特徴を表7-4-1 に、高吸水性プラスチックの持つ特性・機能と応用用途を表7-4-2 にまとめておきます。

図 7-4-1　高吸水性プラスチックの化学構造と吸水・保水の原理

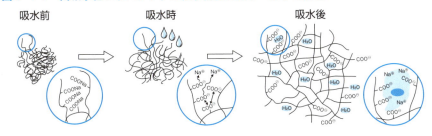

表 7-4-1　高吸水性プラスチックの種類と特徴

種類	特徴
アクリル酸系：ポリアクリル酸ナトリウム架橋体など	吸水性とコストの面から主流
でんぷん系：でんぷんアクリル酸グラフト共重合体など	安全性は高いが化学安定性に欠け、長期間の保水性はない
セルロース系：セルロースアクリロニトリルグラフト共重合体など	初期吸水速度が大きく、加圧下での保水性が良い
多糖類：ヒアルロン酸など	天然多糖類で、微量でも高吸水性があるが高価

表 7-4-2　高吸水性プラスチックの特性と応用用途

分野＼特性	吸水・保持力	吸引・膨潤力	ゲル化力	増粘性
衛生材	生理用品、紙オムツ	—	—	—
農業・園芸	土壌保水材、育苗用シート	—	流体播種、食用キノコ培地	—
食品・流通	鮮度保持材、ドリップ吸収材	—	—	—
土木・建築	結露防止用建築資材	シーリング材	ヘドロ固化	—
化粧品・トイレタリー	ゲル芳香剤、使い捨てカイロ	—	保冷材、消臭剤、携帯用トイレ	ローション、乳液パック剤
メディカル	創傷保護用ドレッシング材	—	—	湿布剤

7-5 形状記憶プラスチックのしくみと化学

●形状記憶プラスチックとは

「形状記憶現象」とは、成形後にその形を変形しても、ある温度以上に加熱することにより元の形状に回復する現象を言います。この現象は、ある種の金属で古くから見出されており、「形状記憶合金」として、配管の継手やメガネのつる、ブラジャーなどさまざまな分野で利用されていますが、高分子材料においても形状記憶現象を発現することが明らかとなり、「形状記憶プラスチック」と呼ばれています。たとえば、ポリノルボルネン、トランスポリイソプレン、スチレン–ブタジエン共重合体、ポリウレタンなどがおもな形状記憶プラスチックとして知られています（図7-5-1）。

●医療・自動車・建築…広がる応用分野

形状記憶プラスチックは、形状記憶合金と比較して形状回復率が高く（合金の約7％に対しプラスチックでは400％以上）、安価で軽く加工しやすい、着色できるなどの特長があります。そのため、アイデア商品や玩具から、医療（ギプス、カテーテル、点滴用留置針、骨接合材など）、自動車部品（シール材、バンパー、防音材など）、電気（スイッチ、センサーなど）、建材（継手、補修ライニング材など）、その他スポーツ用品、印刷・光学部品など産業用の新素材としてもさまざまな用途開発が行われています。

●新機能材料として用途開発が進む形状記憶プラスチック

近年発表されて注目を集めた用途開発の例としては、「形状記憶スプーン」、「形状記憶ネジ」、「形状記憶ロボット」があります。

「形状記憶スプーン」は、柄の部分に形状記憶プラスチックを使用したもので、湯につけると柔らかくなるため自分の手の形に合った形状に変化させることができ、手や指が不自由で一般のスプーンが握れない人でも容易に使用できます。また、再度湯につけることで、何度でも形を変えることが可能

です（図7-5-2）。「形状記憶ネジ」は、熱を加えるとネジ山が平らになるもので、従来の金属製のネジでは、製品の解体時には電動ドリルで1本ずつ外す必要がありましたが、このネジを使用すれば、加熱するだけでネジを外すことができ、解体作業を効率化できます（図7-5-3）。

「形状記憶ロボット」は、折りたたまれていた形状記憶プラスチックのシートが、内蔵された電子回路の熱で収縮し、約4分でロボットの形に組みあがり秒速5cmで歩き始めるというものです。災害時の救助活動や危険な場所での復興作業などへの活用が期待されています。

図7-5-1　ポリノルボルネン、トランスポリイソプレンの化学構造

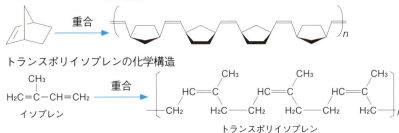

図7-5-2　形状記憶スプーン、フォーク

（写真提供：㈱青芳製作所）

図7-5-3　形状記憶ネジのしくみ

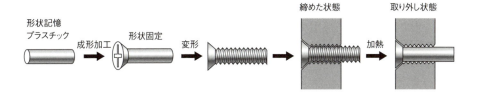

7-6 バイオプラスチックのしくみと化学

●石油以外の原料からつくられるプラスチック

バイオプラスチックは、その原料を石油ではなく、再生可能資源であるバイオマス（動植物に由来する有機物資源）に転換することにより、持続可能な社会の実現に大きく寄与することが期待されている21世紀のプラスチックです。バイオケミストリーの急速な進展を背景に、CO_2の排出につながらないバイオマスを有効に活用し、私たちの日常生活に不可欠なプラスチックを供給していくというバイオプラスチック普及促進の取り組みは、世界的な地球温暖化防止対策の動きとも相まって、近年大きな注目を浴びています。

●バイオプラスチックの現状

現在、バイオプラスチックの開発は、ほぼ唯一汎用プラスチックと同様の規模で供給されているポリ乳酸（PLA）に集中されています。PLAは、トウモロコシなどのデンプンを糖化し、さらに発酵させて乳酸へ変換後に重合して作られます（図7-6-1）。

しかし、バイオマス由来であるとともに、生分解性プラスチック（微生物のはたらきにより分解されて、水とCO_2になるプラスチック）でもあるこれらの素材に加えて、将来バイオマスよりつくられたエチレンモノマーやプロピレンモノマーが供給されれば、代表的な汎用プラスチックである非生分解性のポリエチレンやポリプロピレンも一部はバイオプラスチックに分類されることになるなど、その範囲は拡大が見込まれています。

表7-6-1は、現在市場展開されている主要なバイオプラスチックを、天然物系（天然のポリマー材料を変性もしくは複合化したもの）、バイオ合成系（原料および重合反応ともにバイオプロセスによって合成するもの）、および化学合成系（バイオマス由来の化学原料を化学反応プロセスによって合成するもの）に分類して示したものです。

●用途分野の現状と将来の課題

バイオプラスチックの用途は、地球温暖化防止に対する関心の高さを推進力に、広い商品分野に展開されています。いち早く一般消費者の目に触れたのは、窓付き封筒の透明窓部分への採用です。その後、乾電池のブリスターパックに採用されて、私たちが目にする機会が増えました。また、大きな用途分野として期待されている家電関係の射出成形品分野においても、ノートパソコンや携帯電話のハウジングなどで家電メーカー各社の積極的な取り組みが続いています。ほかにも、スペアタイヤカバーやフロアマット、内装部品など自動車分野でのバイオプラスチックの利用も注目されます。

使用原料の優位性で将来性が期待されるバイオプラスチックの今後の事業性は、コストパフォーマンスでの他素材との比較にかかっています。バイオプラスチック自身の物性改良、石油系プラスチックとの併用をふくめた商品化の取り組みなど、多方面にわたり進められている技術革新の動きと今後の市場の拡大が、バイオプラスチックの将来を決める鍵となることでしょう。

図 7-6-1　ポリ乳酸（PLA）の製造概念図

表 7-6-1　主要なバイオプラスチックの分類と用途事例

分類			用途事例
天然物系	セルロース誘導体	酢酸セルロース（CA）	タバコフィルター、液晶ディスプレイ保護フィルム
		化学変性セルロース	機能性繊維
	でんぷん誘導体	化学変性でんぷん	緩衝材、農業用フィルム、食器
バイオ合成系		ポリヒドロキシブチレート（PHB）	生分解性プラスチック用途、食品容器包装
化学合成系		ポリ乳酸（PLA）	バイオプラスチック製品基本樹脂 射出成形品、繊維、PETボトル用ラベル、食品容器、家電部材、フィルム用途
		ポリブチレンサクシネート（PBS）	マルチフィルム、ゴミ袋、包装資材、土のう袋
		ポリトリメチレンテレフタレート（PTT）	フィルム、繊維、工業用ホース、チューブ
		バイオポリエチレン	既存PE代替用途
		バイオポリエチレンテレフタレート	既存PET代替用途、既存PET繊維代替用途
		バイオポリアミド	燃料パイプ
		バイオ不飽和ポリエステル	自動車ドアパネル

7-7 機能性プラスチックフィルムのしくみと化学

●身のまわりで活躍する機能性プラスチックフィルム

　私たちの身のまわりには、さまざまなプラスチックフィルムが使われています。たとえば、食品を包むラップフィルムは、酸素や水蒸気を透しにくいガスバリヤー性フィルム、PETボトルに巻かれたラベルはシュリンク（収縮）フィルム、電子部品包装用の黒いフィルム袋は、静電気の発生しにくい帯電防止・導電性フィルムです。液晶テレビには偏光フィルムや反射フィルムが使用されています。これらは、用途に応じた優れた機能を有する機能性プラスチックフィルムなのです。

●機能性フィルムの素材・特徴・用途

　プラスチックフィルムとは、厚さ200μm以下の透明感のある薄いプラスチックのことで、そのおもな素材にはPE、PP、PVC、ポリ塩化ビニリデン（PVDC）（図7-7-1）、PET、ナイロン（PA6、PA66）、PC、PMMAがあり、最近ではポリ乳酸（PLA）も使われます（表7-7-1）。

　PEとPPに代表されるポリオレフィン系フィルムは、比較的安価なので生鮮類・野菜果物包装材、買い物袋、ラップフィルム、シュリンクフィルムなどの食品包装用フィルムとして用いられています。

　PVCフィルムは、安価で伸びがよいのでシュリンクフィルムやラップフィルムなどの流通食品包装用フィルムに適しています。PVCに類似のPVDCは耐熱性とガスバリヤー性に優れるため、家庭用ラップフィルムなどの食品包装フィルムとして用いられています。またPEなどほかのフィルムに塗布して、ガスバリヤー性を改善する際にも用いられます。

　本来は透明のPETフィルムは、酸化チタンなどの隠ぺい剤を添加した白色フィルムとして、いわゆる合成紙として使用されています。ナイロンは酸素やフレーバーのバリヤー性に優れるため、PEフィルムなどにラミネーションして食品包装用に多用されています。PCはPETより耐熱性に優れるため、

電気製品などに使用されます。また、PCには光学異方性がないため、偏光を利用する液晶部材にも使われています。

図7-7-2に食品包装用機能性フィルムの複層構成例を示します。

図7-7-1　ポリ塩化ビニリデンの化学構造

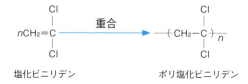

塩化ビニリデン　　　　　　　ポリ塩化ビニリデン

表7-7-1　おもなプラスチックフィルムの種類と特徴

フィルムの名称	特　徴
ポリエチレン（PE）	安価、防湿性、ヒートシール性、衛生性
ポリプロピレン（PP）	安価、防湿性、衛生性
ポリ塩化ビニル（PVC）	安価、防湿性、難燃性、耐熱性、耐候性、透明性、熱収縮性
ポリ塩化ビニリデン（PVDC）	ガスバリヤー性、耐熱性、防湿性、透明性
ポリエチレンテレフタレート（PET）	耐熱性、機械強度、防湿性、耐溶剤性、透明性、衛生性
ナイロン（PA）	耐熱性、機械強度、耐溶剤性、ガスバリヤー性
ポリカーボネート（PC）	耐熱性、耐衝撃性、透明性、衛生性、光学異方性
アクリル（PMMA）	透明性、表面硬度、耐候性

図7-7-2　食品包装用機能性プラスチックフィルムの複層構成例

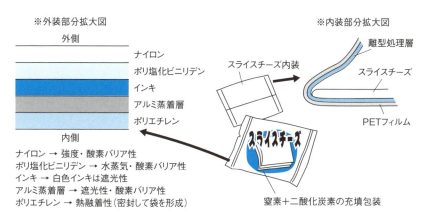

ナイロン → 強度・酸素バリア性
ポリ塩化ビニリデン → 水蒸気・酸素バリア性
インキ → 白色インキは遮光性
アルミ蒸着層 → 遮光性・酸素バリア性
ポリエチレン → 熱融着性（密封して袋を形成）

7・進化するプラスチック

7-8 接着剤のしくみと化学

●接着の物理的な要因と化学的な要因

　接着とは、第3の物質を介して物と物とをくっつけることで、介在する第3の物質のことを接着剤と言います。材料の表面に接着剤を塗って貼りつけると、材料相互の表面に接着剤が行き渡り、やがて接着剤が固まり固体となって接着が完成します。この時、接着剤と材料との間には接着力がはたらいていますが、この接着力には物理的な要因と化学的な要因があります。

　接着の物理的な要因としては、投錨(とうびょう)効果が挙げられます。材料の表面には、紙や木のように接着剤が染み込みやすいものがあり、一見平滑に見える金属の表面にも細かい凹凸が無数に存在しています。このような空隙に接着剤が入り込んで固まると、あたかも錨(いかり)を下ろした船のように動かなくなることから投錨効果と呼ばれます。マジックテープのような分子同士の絡み合いも一種の投錨効果と言えます。

　一方、化学的な要因としては、接着剤の分子と材料分子との結合が挙げられ、これには共有結合、水素結合、ファンデルワールス結合などがあります。

　共有結合は、接着剤と材料とが化学反応を起こすもので、非常に強い結合です。例は少ないのですが、シリコーン接着剤を使ってガラスを接着する時などには、この結合が起こっていると考えられています。

　水素結合は、水分子がいくつも集まって液体の水として存在しているのと似た結合です。この結合力は化学結合よりも弱いのですが、水素結合しやすい分子の数が多いため接着には重要です。

　ファンデルワールス結合とは、分子の分極によって結合することで、電荷の片寄りによって接着剤のプラス部分と材料のマイナス部分(またはその逆)が電気的に結合して結果的に接着するしくみです。ヤモリが窓ガラスを登ることができるのはこのファンデルワールス結合力によるとされています。

　このように接着にはさまざまな形態があり、接着する要因はいくつかの要因が重なり合って起こると考えられています（図7-8-1）。

●接着剤の4つの形態

現在市販されている接着剤は、1,000種類以上あると言われていますが、接着のしくみから次の4種類に大別できます（表7-8-1）。

第1は感圧形の接着剤で、粘着剤のように軽く指先などで圧力を加えることで、うまく簡単にくっつく種類のものです。第2は溶剤揮発形の接着剤で、接着剤が溶液やエマルションの形に分散させたものを塗りつけ、溶剤や水の蒸発で固化接着する種類のものです。第3は熱溶融形（ホットメルト型）の接着剤で、熱を加えていったん溶融し、冷却して再びもとの個体にもどすと接着するタイプのものです。第4は化学反応を利用する接着剤であり、化学反応で高分子化して硬化接着させるタイプのものです。このタイプには一液型と二液型があり、常温で反応するもの、加熱して反応させるもの、光や電子線などの照射よって硬化接着するものなどに分類できます。

図 7-8-1　接着の物理的な要因と化学的な要因

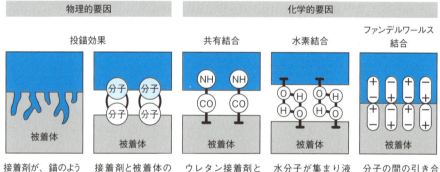

表 7-8-1　接着剤の4つの形態

感圧形	セロハンテープ、粘着テープ、ラベルなど
溶剤揮発形	切手、家庭用接着剤、でんぷんのりなど
熱溶融形	アイロンプリント・アップリケ、はんだ付けなど
化学反応によるもの	セメント、瞬間接着剤、エポキシ接着剤など

❗ プラスチックとリサイクル

　日本では2000年を「循環型社会元年」と位置づけ、循環型社会形成推進基本法を中心に、資源有効利用促進法、容器包装リサイクル法など、合わせて6つの個別のリサイクル法が制定されました。これらの法律では、発生した廃棄物のリサイクル（再生利用）に加えて、リデュース（発生抑制）、リユース（再使用）のいわゆる「３Ｒ」を効果的に進めるため、それぞれの分野での具体的しくみを定めてきました。

　このような法制化の動きとは別に、プラスチックリサイクル技術の進展も顕著です。現在日本では、プラスチックリサイクル技術は、材料として再生する「マテリアルリサイクル」、各種の化学原料や燃料に変換して再利用する「ケミカルリサイクル」および、燃焼させて熱エネルギーを回収する「サーマルリサイクル」の３つを柱としています。

　なかでもマテリアルリサイクルは、アルミ缶をアルミ、古紙を紙として再生利用するように、廃棄物の物質的物性を失うことなく廃プラスチックを再生利用するもので、最も古典的なリサイクル手段です。これまではおもに産業系廃プラスチックがマテリアルリサイクルの対象でしたが、近年では家庭や事業所から排出される使用済プラスチックもその対象となってきました。PETボトルやトレイ、発泡スチロールなどを中心に、繊維製品、包装資材、文房具、日用品などに生まれ変わっています。

　マテリアルリサイクルは、３つのリサイクル技術の中では最も優先されるべきものですが、廃プラスチックのマテリアルリサイクル率は20％程度に過ぎません。そこで、プラスチック製品に材料識別コード（SPIコード）をつけて消費者に分別廃棄してもらうことを推奨しています。こうした一連の取組みを通じた、マテリアルリサイクル率の一層の向上が望まれます。

プラスチック製品の材料識別コード

第8章

化学製品の製造工程

私たちの生活になくてはならない化学製品も、
どういう工程・しくみで製造されているかは、
あまり知られていません。
本章では、ここまでに取り上げたおもな化学製品の
製造工程やしくみについて、解説しています。

8-1 液体製品の製造工程

●液体製品の配合方法

　私たちに身近な化学製品の中で、食器用洗剤やシャンプー、コンディショナー、トリートメント、ヘアウォーターなどの液体製品は、まず、原料の受け入れ検査を行った後、10トン、20トンなどの配合槽（図8-1-1）で原料の混合が行われます。ハンドソープやボディソープのような石けんをふくむ液体製品は、油脂のけん化または脂肪酸の中和の後、ほかの成分を混合します。原料の中で、水に直接投入すると混ざりにくい粉末の増粘剤などは、あらかじめ溶剤などに分散させるなどのプレミキシングを行ってから配合槽に投入します。また、香料のような油性原料は、可溶化剤による可溶化を行ってから配合槽に投入します。

●液体製品の充填方法

　配合終了後、中間品検査を行い、規格内に収まれば混合液の粘度に応じて1～150μm（マイクロメートル）のフィルターを通した後、ストックタンクに移し保管します。そしてサージタンクに移し、100メッシュのフィルターを通してボトルや詰め替え用などのパウチに充填します。

　ボトルへの充填は液体充填機を使って行い、重量チェックやキャッパーによるトルクをコントロールしたキャップ締めを行って製品に仕上げます（図8-1-2）。泡立ちやすい液体は、充填ノズルを液下まで入れるロングノズルが使われます。また、パウチへの充填では、キャッパーの代わりにヒートシーラーによる熱でのシールが行われます（図8-1-3）。シール部分に液体が付着するとシール不良の原因となるので、泡立ちやすい液体はロングノズルの使用や、アルコールによる泡消しが行われます。最後に製品検査を行い、合格すれば出荷します。

図 8-1-1　液体製品の配合槽の例

(写真提供：日本合成洗剤㈱)

図 8-1-2　ボトル充填機の例

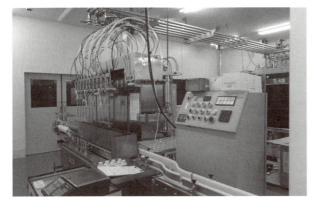

(写真提供：日本合成洗剤㈱)

図 8-1-3　パウチ充填機の例

(写真提供：日本合成洗剤㈱)

8-2 エアゾール製品の製造工程

●エアゾール製品の構造と配合

　エアゾールは、気体の中に固体または液体の微粒子が分散しているコロイド状態で、内溶液と噴射剤を耐圧容器に封入して、噴射剤の圧力によって内溶液を噴射あるいは吐出するものです。殺虫剤やヘアスプレーなどの製品の製造に使用されます。

　エアゾール製品は、内溶液、噴射剤、噴射装置（バルブや噴射ボタン）、耐圧容器（図8-2-1）からなり、噴射剤には、常温で気体、加圧することによって液化するプロパンやブタンなどの液化石油ガス、ジメチルエーテル、フロンガスなどが使われます。特定フロンガスはオゾン層を破壊することから使用されなくなり、液化石油ガス、ジメチルエーテルは引火性があるため、取り扱いに注意が必要です。液化ガス以外に窒素ガスや炭酸ガスを圧縮して充填する製品もありますが、その場合には専用のバルブが使われます。また、液化ガスや圧縮ガスによって内溶液にふくまれる成分が析出あるいは分離する場合もあるため、ガスに対する内溶液の溶解度などを確認する必要があります。

●エアゾール製品の製造工程

　エアゾール製品は、原材料の受け入れ検査から容器の洗浄、内溶液の充填、バルブの取り付け、噴射剤の充填、漏れ検査、噴射ボタンの取り付け、噴射検査、重量チェック、キャップ取り付けの工程を経て製品になります。途中に適宜、缶内圧検査などの中間検査も行われます（図8-2-2）。

　容器に液化ガスを充てんした「エアゾール製品」は、高圧ガス保安法により、製造、貯蔵、販売などの規制を受けます。しかし、容器の内容積が1リットル以下であって、高圧ガス保安法施行令関係告示に示す要件（基準）を満たすものは、同法の適用を除外されています（表8-2-1）。

図 8-2-1　エアゾール容器の構造

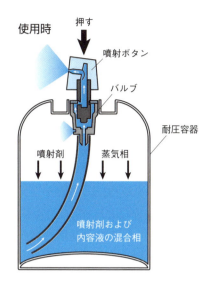

図 8-2-2　エアゾール製品の製造工程

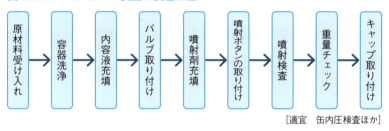

［適宜　缶内圧検査ほか］

表 8-2-1　高圧ガス保安法の適用除外のおもな要件（内容積1リットル以下）

1	内圧が、温度35度においてゲージ圧力0.8MPa（メガパスカル）以下であること。
2	容器の耐圧性が、温度50度において容器内圧力の1.5倍の圧力で変形せず、かつ、温度50度において容器内圧力の1.8倍の圧力で破裂しないものであること。
3	容器に充てんされた液化ガスを温度48度にしたとき、ガスが漏れないものであること。
4	定められた「表示すべき事項」が表示されたものであること。

8-3 クリーム状製品の製造工程①

●真空乳化機による原料の乳化方法

　保湿クリームやヘアークリームなどのクリーム状製品の製造にもっともよく使われるのは、真空乳化機です。1回の仕込み量が数kgのものから数トンのものまであり、密閉容器を真空にして攪拌し、原料を乳化させます。

　通常、原料溶解槽は、精製水、保湿剤（グリセリンなどの多価アルコールや水溶性高分子など）、その他水溶性のものを調製する水相用と、固形・液体油分（油脂・ロウ、脂肪酸、高級アルコール、炭化水素、エステルなど）、防腐剤、酸化防止剤、油溶性乳化剤（水溶性乳化剤を併用する場合も多い）を加温調製する油相用の2基あり、それぞれ分けて原料を準備します（図8-3-1）。

　水中油型（O/W型）クリームの場合、真空乳化機に先に水相原料を入れ、攪拌しながら徐々に油相原料を入れ予備乳化します。その後、真空下で高速攪拌してクリーム状に仕上げます。油中水型（W/O型）クリームの場合は油相原料、水相原料の順に入れ乳化します。攪拌機は通常2機あり、ホモミキサーで高速攪拌して乳化させるとともに、低速パドルミキサーでかき取りながら回転させます。真空なので製品に気泡が入らず、充填しやすく、また経時による酸化も抑えられるという利点があります（図8-3-2）。

●クリーム充填機による原料の充填方法

　仕上がったクリームをろ過した後、適温まで冷却してサージタンクに送り、容器に充填します。クリームを充填する容器はガラスびん、プラスチックボトル、チューブなどさまざまですが、一般にはシリンダーピストン式で充填することが多く、ピストンによりホッパーから一定量のクリームを吸引し、容器に押し出して充填されます。

図 8-3-1　真空乳化機のしくみ

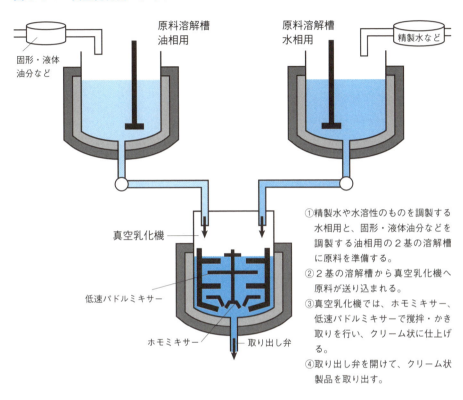

① 精製水や水溶性のものを調製する水相用と、固形・液体油分などを調製する油相用の2基の溶解槽に原料を準備する。
② 2基の溶解槽から真空乳化機へ原料が送り込まれる。
③ 真空乳化機では、ホモミキサー、低速パドルミキサーで撹拌・かき取りを行い、クリーム状に仕上げる。
④ 取り出し弁を開けて、クリーム状製品を取り出す。

図 8-3-2　真空乳化機の例

（写真提供：日本合成洗剤㈱）

8-4 クリーム状製品の製造工程②

●歯みがきの製造工程

　クリーム状の歯磨剤は、一般に、カルボキシメチルセルロースやカラギーナンなどの粘結剤とグリセリンなどの湿潤剤を水に溶解分散させ、この粘性のある液に第二リン酸カルシウムや無水ケイ酸などの研磨剤、界面活性剤、甘味料、防腐剤などを順次加えて混練します（図8-4-1）。しかし、このように液体に粉体を混合すると粉体中の空気が液中に取り込まれ、経時変化で固液分離するなどの外観不良を起こすため、一般には減圧下で脱気する工程を経てからメントールや香料などを混合して製品化します。粉体を予備混合した後、粘結剤、湿潤剤、研磨剤、発泡剤などを連続混合分散機で水に分散させた膨潤液をつくり、その後、高粘度液が混合できるブレード形ニーダーなど、脱泡のためミキサー内を減圧できる混練機で混練します。

●循環式混合装置とチューブ充填工程

　高粘度のペーストと低粘度の香料成分などを完全に均一分散させるため、攪拌槽内で混合した内溶液をインライン型低せん断混合機でほかの原料と混合し、これを攪拌槽内にもどす循環式混合装置（図8-4-2）も考案されています。攪拌槽は低速回転攪拌機と壁面カキトリ羽根を備えた真空タイプで、ここで混合された内溶液は低せん断型混合機を経て再び攪拌槽にもどして循環させることにより混合効率がよくなります。

　クリーム状の歯磨剤は、ラミネートチューブなどにチューブ充填機で充填します。チューブは、スリーブ、ネジ部、キャップで構成されていますが、一般にはチューブの底部から内溶液（歯磨剤など）を充填して、充填後に底部をホットエアーや超音波によりシールします（図8-4-3）。

図 8-4-1　歯みがきの製造工程

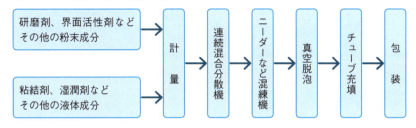

図 8-4-2　循環式混合装置のしくみ

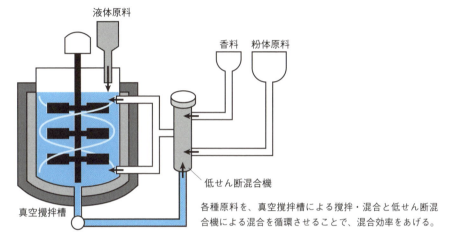

各種原料を、真空撹拌槽による撹拌・混合と低せん断混合機による混合を循環させることで、混合効率をあげる。

図 8-4-3　チューブ充填機の例

(写真提供：日本合成洗剤㈱)

8-5 粉末製品の製造工程

●衣料用粉末洗剤の製造方法

　衣料用粉末洗剤の製造工程は、まず、原料の陰イオン界面活性剤、硫酸ナトリウム（ボウ硝）、炭酸ナトリウム、ゼオライト、ケイ酸ナトリウム、石けん、非イオン界面活性剤を配合した「スラリー」をつくります。次に、スラリーを乾燥塔上部からスプレーし、下部から270℃前後の熱風を送り込んで、向流式で噴霧乾燥させます（図8-5-1）。

　非イオン界面活性剤はべとつくため、最大3％程度しか配合できず、熱に弱い酵素や漂白剤などはこの工程では配合できません。噴霧乾燥された粉末は、かさ比重（重量/容量）が0.3程度と軽い中空の粒子で、このままではかさ高い製品になります。

●衣料用粉末洗剤のコンパクト化

　そこで、噴霧乾燥された粉末に、ゼオライト、炭酸ナトリウム、シリカ、酵素、結合剤、香料を加えて造粒機で粉砕・造粒して、かさ比重0.75前後の粒子にすることでコンパクト化が図られています（図8-5-2）。

　こうしてできあがった粉末は、通常約3mmのメッシュで粗い粒子を取り除き、充填工程、包装工程に送られます。充填工程では、製品の形状によって、カートン（箱）やパウチ（袋）などに専用の充填機（図8-5-3）を用いて充填されます。また、包装工程では、製品重量や金属探知機による金属異物のチェックなどを経て包装されます。

　なお、噴霧乾燥しないで、ハイスピードミキサーやリボンミキサーなどを用いて原料をそのまま混ぜるドライブレンド法でつくられる粉末洗剤もあり、これは非イオン界面活性剤を主成分に使うこともできます。

図 8-5-1　衣料用粉末洗剤の製造工程模式図

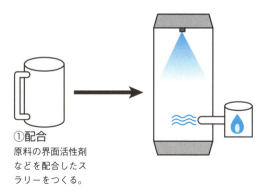

①配合
原料の界面活性剤などを配合したスラリーをつくる。

②噴霧・乾燥
スルホン化・中和の工程を経てビルダーなどを加えた液状の原料を、スプレータワーで噴霧して霧状にし、熱風炉からの熱風で乾燥させ、粉状にする。

③造粒
酵素や香料を加え、造粒機で粉砕・造粒を行う（コンパクト化）。

④ふるい分け
粗い粒子や異物などを除くために、ふるいにかける。

⑤充填
充填工程で、カートンやパウチに充填する。

図 8-5-2　造粒機の例

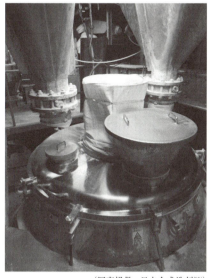

（写真提供：日本合成洗剤㈱）

図 8-5-3　パウチ充填機の例

（写真提供：日本合成洗剤㈱）

8-6 顆粒状製品、打錠製品の製造工程

●顆粒状製品の製造方法

「顆粒」とは、0.2mm～数mmのビーズ状の粒子のことで、攪拌造粒機や流動層造粒機、押し出し造粒機などを使って、かさ比重の軽い粉末から扱いやすい顆粒にします。

攪拌造粒法では、粉末を湿らせ、必要であれば結合剤を加えて回転運動を与えることで球形の粒子にします。流動層造粒法では、粉末を流動状態に保ち、結合剤をふくむ溶液を噴霧することで凝集造粒させます。押し出し造粒法では、粉末に結合剤の溶液を加液混合して、これを均一に穴のあいたスクリーンから押し出してつくります（図8-6-1）。

顆粒状の製品には薬品や調味料が多く見受けられますが、コンパクト化された衣料用粉末洗剤も造粒機により顆粒状にされた製品です。

●打錠製品の製造方法

「打錠」も粉末を扱いやすい形状にする方法です。打錠機の構造は、臼と下杵、上杵からなり、直径8mm、厚み10mmの円形錠剤をつくる場合、1.5トンの圧をかけて粉末を錠剤に成形します（図8-6-2）。錠剤型入浴剤はこの製造方法でつくられており、血行を促進する炭酸ガスを発生させるため、重炭酸塩とコハク酸などの有機酸をおもに配合しています。

脱酸素剤（酸素吸収剤）は、鉄粉などの酸素吸収剤をセルロース、ワックス類や樹脂類などの粉末バインダーと混合した後、打錠機、プレス機などで加圧成形してつくります。また、包装体内の酸素の有無を検知する検知機能を付与するために、酸素の有無で色調が変化するインジゴイド染料などの染料と、アスコルビン酸などの還元剤をふくむ酸素検知剤をシート状またはフィルム状に配して打錠したものもあります。

図 8-6-1　顆粒の製造方法

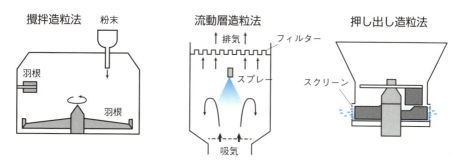

図 8-6-2　錠剤の製造方法と打錠機の例

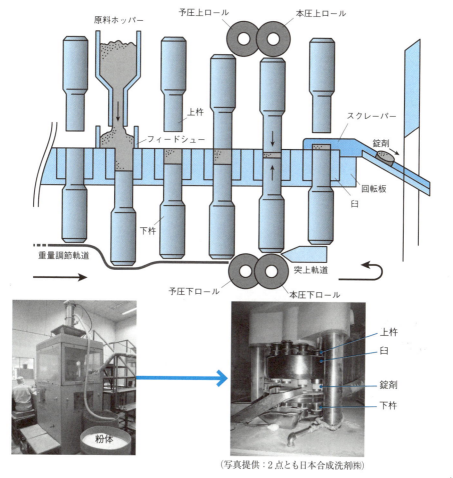

（写真提供：2点とも日本合成洗剤㈱）

8-7 プラスチック製品の製造工程①
射出成形

●注射器の原理でプラスチックを成形

　射出成形は、英語ではインジェクションモールディングと呼ばれます。インジェクションとは「注射」とか「注入」といった意味で、ちょうど注射器の操作に似た方法で成形品をつくることからこの名がつけられています。

　注射器の本体は射出成形機、注射液は加熱・溶融したプラスチック、加えられる指の力は油圧で行われ、その力は大砲の弾丸を遠方へ飛ばすほどの強力なものです。この射出圧力によって、あらかじめつくられた金型へ、細く狭い孔を通してプラスチックが流し込まれ、形がつくられるのです。

●たった20秒でできるバケツ

　射出成形機は大きく分けて、米粒大の「ペレット」と呼ばれるプラスチック原料を溜め、これを自動的に機械の中へ送り込む「ホッパー」、この原料を加熱・溶融するための「加熱筒」、溶かされた原料を射出するための「油圧シリンダー」の3つの部分から構成されています。そして加熱筒の先端には注射針にあたる「ノズル」と呼ばれる金具がつけられ、これに「金型」にあけられた「ゲート」と呼ばれる原料注入孔を合わせ固定します（図8-7-1）。

　射出成形では、コップなどでは2～3秒、バケツで20秒、浴槽のような大きなものでも約4分というハイスピードで成形ができます。また原料の投入から成形品の取出しまで完全自動化が可能で、大量生産にはもっとも適した成形技術なのです。またこの成形法では、ケシ粒くらいの小さな時計の歯車から、浴槽のような大型製品までつくることができ、その形もバケツのような単純なものから、自動車部品のような複雑な形のものまで可能で、今日では射出成形でつくれないものはないとまで言われるようになっています。

　射出成形に使用される原料は、PEやPP、PS、PCなどの熱可塑性プラスチックが主ですが、現在では、フェノール、メラミン、ユリアなどの熱硬化性プラスチックもこの成形法で加工されています。

私たちの家庭で使われている射出成形品だけを挙げてみても、密閉容器・洗いかご・ボールなどの台所用品、パソコンやプリンターのハウジング、掃除機やエアコンなどの家電製品の筐体、その他、文具・玩具・家具等々と、ほかのどの成形法による製品よりもその使用例の多いことがわかります。

●泣きどころは金型コスト

　このように、いろいろな特長のある射出成形にも泣きどころがあります。それは金型コストが非常に高くつくことです。バケツの金型でも数百万円くらい、やや大きく複雑なものでは数千万円を越すことも珍しいことではありません。金型コストの償却を考えると少量生産には向かない生産技術だということがわかります。

図8-7-1　射出成形のしくみ

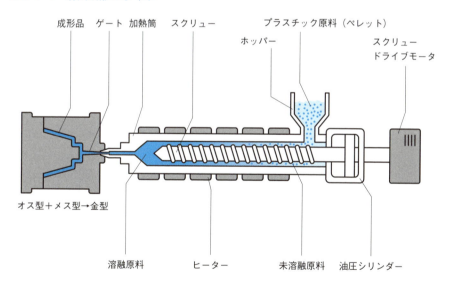

8-8 プラスチック製品の製造工程② 押出成形

●歯みがきを押し出すのと同じ原理

　住宅の雨どいや水道管、電線や散水ホース、これらは押出成形と呼ばれる成形法によってつくられています。

　この方法は、ちょうどチューブから歯みがきを外へ押し出すのに似ています。歯みがきの容器全体が押出成形機、中味の歯みがきは加熱・溶融されたプラスチック、出口の部分は金型に相当して、押し出すためにチューブに加えられる力はスクリューの回転によって与えられます。これによって原料が連続的に金型を通り、外へ押し出されて成形が行われるのです。

　金型から押し出されたばかりの成形品はまだ柔らかで形も定まっておらず、これを「フォーミングダイ」という第2の金型へ導き、ここで冷却して形を整え、寸法精度を上げていきます。雨どいや窓枠のように複雑な形状の成形品になると、金型よりむしろフォーミングダイでの冷却工程に工夫が必要で、このあたりも他の成形法と若干異なるところです（図8-8-1）。

●どこを切っても同じ断面

　水道管やカーテンレール、波板、ホースなどの押出成形によってつくられる製品は、金太郎飴のようにどこを切っても同じ断面をしているのが特徴で、しかもこれがエンドレスに連続的につくられるのです。したがって、押出成形は全自動無人運転が可能で、製品の大量生産に適しています。

　押出成形によって得られる形状は、単純な棒状体から板状体、パイプ状やハニカム状の中空体、その他、入り組んだ窓枠のような断面のものまで可能です。また、円形の特殊な金型を回転させながら成形すれば、プラスチック製のネットを一度の押出工程でつくることもできます。

●押出成形の特長

　押出成形は、熱可塑性プラスチックであればすべてが成形の対象となりま

すが、量的にみれば成形性の良い ABS、HIPS、ポリ塩化ビニルが圧倒的に多く、ほかに、ポリカーボネート、アクリル、ポリエチレンなどが用いられています。また、目的とする部材がプラスチック単体では得られない場合は、「複合押出成形」という方法が用いられます。たとえば、銅線を一緒に押し出すと電線をつくることができ、木と一緒に押し出すとプラスチックで被覆された建材や家具の部材が製造可能です。

また押出成形は、フィルムをつくるときのインフレーション成形、洗剤の容器などをつくるブロー成形などの機構の一部に組み込まれ、押出成形品とはまったく異なった形状の製品をつくるのにも役立っています。

図 8-8-1 押出成形のしくみ

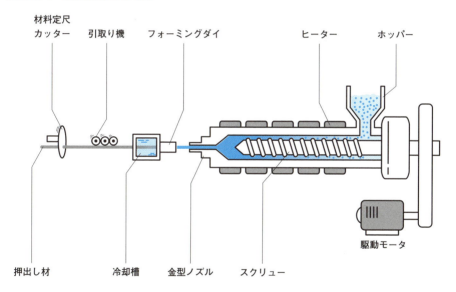

8-9 プラスチック製品の製造工程③ ブロー成形

●空気の力でびん状の製品づくり

飲料水やジュースのプラスチックボトル、シャンプーや灯油の容器などはブロー成形と呼ばれる技術で作られています。吹込成形と呼ばれたり、製品の形から中空成形とも呼ばれたりもします。

ブロー成形は、ストローの先に石鹸水をつけてシャボン玉をつくる時のように、空気を吹き込んで成形品をつくることから、この名がつけられています。シャボン玉と違う点は、金型の中でプラスチックを膨らませ、思いのままの外観に仕上げられるという点です。

石鹸水にあたるのは加熱・溶融したプラスチックで、これを「パリソン」と呼ばれるチューブ状に成形し、熱いうちに2つに割られた金型に挟み、片方を閉じて、もう一方からチューブの中へ圧縮空気を送り込み、これを押し拡げて形をつくるのです（図8-9-1）。この方法は、口で吹いてガラスビンをつくる古くからある方法とほぼ同じです。

●ブロー成形の利点

ブロー成形の第1の特長は、口の部分が狭く中空になった製品、または小さな空気注入孔を除けばほぼ完全な密閉された製品ができることです。第2の特長は、金型の形に応じて種々の形状の容器を安価にハイスピードで生産できることです。第3の特長は、きわめて薄い肉厚の製品がつくれるということで、これは製品の単価を大幅に下げるのに役立ち、使い捨ての包装容器として大量にこの製法が用いられているのはこのためです。

●押出ブロー成形から射出ブロー成形へ

ここまで説明してきた方法は、ブロー成形の中で「押出ブロー成形」に分類されるもので、長い間主力として使用されてきましたが、製品の肉厚を均一にすることが困難で、とくにシャープなコーナーでは極端に薄肉となり強

度的に弱くなります。また、必ず金型の合わせ目が製品の表面に出て、射出成形品のように光沢のある表面の美しい成形品は得られません。

そこで、これらの欠点を解決するために開発されたのが「射出ブロー成形」と呼ばれる製法で、PETボトルはこの方法により製造されています。

射出ブロー成形では、まず射出成形によって試験管状の底のあるパリソンを成形した後、熱いうちにブロー金型に移し空気を吹き込んで成形します。パリソンが射出成形により作られるため肉厚のコントロールが容易で、偏肉の少ない成形品が得られます。また、容器の口部も射出成形時に同時につくられるので、高精度の口部やねじ部が得られます。さらに、底部に合わせ目がないので強度的にも優れています（図8-9-2）。

図 8-9-1　押出ブロー成形の工程

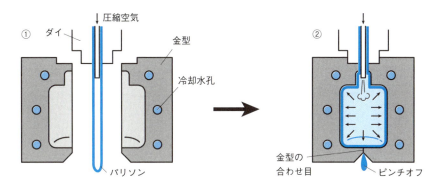

図 8-9-2　射出ブロー成形の工程

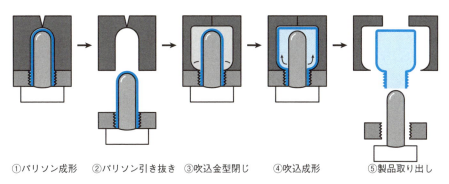

①パリソン成形　②パリソン引き抜き　③吹込金型閉じ　④吹込成形　⑤製品取り出し

8-10 プラスチック製品の製造工程④ 真空熱成形

●空気を抜いて金型に密着

スーパーの食品売り場でよく見かける、卵やイチゴ、サラダなどの入った透明な容器、これらは真空熱成形と呼ばれる成形法でつくられています。

この方法は、フーセンガムを口の中で膨らませるのによく似ています。ガムを噛んで柔らかくし、舌の先でやや押し広げ、空気を吸い込むと、ガムは口の中で大きく拡がります。真空熱成形では、ガムに相当するのはプラスチックのシートで、これをヒーターで加熱して柔らかくした後、金型にセットして金型とシートの間に閉じ込められた空気を真空ポンプで抜き取ります。するとシートは薄く伸ばされ、成形型に密着して目的の形がつくられます。このように真空圧を利用して成形を行うことから、真空熱成形と呼ばれます(図8-10-1)。

●コストメリットが大きな魅力

真空熱成形では、物によっては一度に1個の成形しか行なわれませんが、大量に使用される小さな製品は、長尺シートを用いることで連続自動成形機によって一度に数十個も成形します。また成形型も金型（アルミ製が多い）ばかりではなく、生産量が少なければ樹脂型や木型、石膏型でも使用が可能です。これは成形するときの圧力が大気圧以下で行われるため、型をあまり丈夫なものにする必要がないためです。オス型かメス型いずれかひとつの型があれば成形できるということも有利な点です。これらのことは型製作の費用が少なくてすむということに通じます。

しかし最大の特長は、ほかのいかなる成形法よりも薄肉の成形品をつくることができることです。真空熱成形では0.1mmといった紙のように薄い成形も可能です。このことは原料コストの安い製品がつくれることを意味し、弁当やシュウマイ、納豆などの容器や錠剤の包材など、あらゆる商品包装分野で用いられているのもこうした理由からです。

●卵ケースからスーツケースまで

　そのほか製品としては、縁日の夜店で売られているお面、教材で使う立体地図、冷蔵庫の内張り、店頭看板、ディスプレー、自動車のドアバイザー、スーツケースなどがこの成形法でつくられています。

　シートに使われる原料は、ポリ塩化ビニルのほかに、アクリル、ポリエチレン、ポリプロピレン、PET、ABS、発泡ポリスチレン、発泡ポリエチレンなどで、目的に応じて選択使用されています。非常に荒い扱いをされるスーツケースなどは、衝撃に強いABSのシートが用いられ、常に太陽光線や風雨にさらされる屋外看板などは、耐候性のよいアクリルやポリ塩化ビニルシートが選ばれます。

　しかし、この成形法にも欠点があります。その第1は寸法精度がよくないこと、第2に肉厚が均一に成形できないこと、第3に表面の仕上がりがあまりよくないことで、これらが包装分野で使われることが多い理由でもあります。

図8-10-1　真空熱成形のしくみ

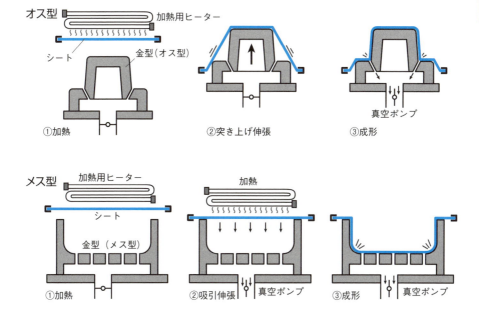

8-11 プラスチック製品の製造工程⑤ 発泡成形

●プラスチックが大変身

私たちの身のまわりには、驚くほど多くの「発泡体」が存在します。せんべいやパンなどの食品は言うに及ばず、木材、繊維、皮革、紙なども空気をふくむ物質（発泡体）で、私たちはこれらの発泡体を大量に消費して、生活を豊かにしてきています。

プラスチックの分野では、材料の中に空気などの気体を細かく分散させて成形することを発泡成形と言い、その成形品は発泡プラスチックと呼ばれています。この発泡体も、緩衝材や断熱材、浮揚材、包装容器、スポンジなどとして大いに活躍しています。

発泡プラスチックは、強度・剛性、耐熱性などを犠牲にして、その代りに軽量性・断熱性・緩衝性・吸音性・弾力性などを向上させていることが大きな特徴です。また気泡の形状や発泡倍率などを調節すると性質が広範囲に変化するので、同一のプラスチックで多くの用途をまかなうことができます。

●発泡プラスチックの製造法

発泡成形で、もっとも多用されているのが「発泡剤」を用いる方法で、ほとんどすべてのプラスチックに適用できます。発泡剤とは、いわゆる「ふくらし粉」のことで、これをプラスチック自体あるいはその原料に添加して、加熱によって発泡体をつくります。発泡剤には加熱で気体となる揮発性発泡剤（物理的発泡剤）と、加熱で分解して気体を発生する分解性発泡剤（化学的発泡剤）があります。たとえば、押出機や射出成形機の中で発泡剤を分解させて、取り出すと同時に発泡体を得ることもでき（図8-11-1）。この方法は、ポリ塩化ビニル、ポリスチレン、ABS、ポリエチレンなどで行われています。

以上のようにして得られた発泡成形品は、完全に膜で仕切られた小さな気泡の集合体（独立気泡）で（図8-11-2）、軽く、水に浮き、優れた断熱効果があります。また、衝撃力を吸収する性質があり、低温特性も良好なため、

漁業用の浮き、救命胴衣、建築用断熱ボード、アイスクリーム用容器、輸送用保護ケース、魚函など、実に多くの分野で広く大量に使用されています。

●ユニークな製造法

水またはその他の溶剤で除去できる可溶性の固形微細粉末をプラスチックに混和し、後にこれを溶出して気泡構造を形成させる方法を「溶出法」と言います。この方法では、プラスチック中に分散した溶出成分が溶剤の浸食によって溶解除去されるとその部分は空洞化し、多孔質構造が形成されます。したがって、この方法によってつくられる発泡プラスチックはすべて完全な通気性気泡構造（スポンジ）となります（図8-11-3）。

可溶性の固形微細粉末としては、でん粉、デキストリン、水によく溶ける無機塩などがおもに用いられ、ポリビニルアルコール、ポリ塩化ビニル、ポリスチレン、ポリエチレンなどに適用されています。また理論的には、この方法を使えばすべてのプラスチックを発泡体にすることができます。メラミンスポンジや生け花用のフェノールスポンジもこの方法でつくられます。

図 8-11-1　射出発泡成形のしくみ

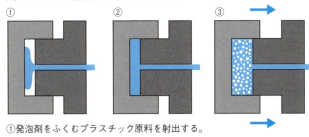

①発泡剤をふくむプラスチック原料を射出する。
②金型内で発泡剤が分解または気化して発泡開始する。
③発泡終了後、冷却して、発泡プラスチック成形品の完成。

図 8-11-2　発泡剤による独立気泡

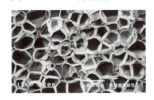

図 8-11-3　溶出法による通気性気泡

（写真提供：2点とも喜多泰夫）

用語索引

英字

ABSプラスチック（ABS） … 116, 118, 165, 169, 170
PA6 …………………………………… 124, 144
PA66 ………………………………… 124, 144

ア行

アクリルプラスチック（アクリル、PMMA）
………………… 28, 52, 68, 105, 122, 126, 127, 134, 135, 144, 165, 169
アルカリ緩衝作用…………………………… 14
衣料用洗剤（洗濯用洗剤）…… 18, 24, 28, 32
衣類用防虫剤………………………………… 86
陰イオン（アニオン）界面活性剤… 14, 18, 20, 28, 44, 46, 158
エアゾール（微粒子）………… 72, 74, 76, 80, 82, 152
液体石けん……………………………… 16, 40, 41
液体洗剤…………………………………… 18, 32
エステルけん化法…………………………… 16
エムベントリン…………………………… 86, 90
塩化カルシウム……………………… 30, 92, 96
塩素系漂白剤…………………………… 22, 24
置き型虫よけ（プレートタイプ）………… 80
押出成形………………………… 118, 120, 164, 165
押し出し造粒法…………………………… 160
押出ブロー成形…………………………… 166

カ行

界面活性剤……… 12, 14, 18, 19, 20, 26, 32, 40, 42, 46, 156
角質層……………………………………… 34, 36
攪拌造粒法………………………………… 160
家庭用殺虫剤…………………… 72, 74, 80, 84
家庭用品質表示法……………………… 18, 54
蚊取り線香………………… 72, 74, 78, 84, 90
加熱蒸散剤………………………………… 82
ガラス繊維強化プラスチック（GFRP）… 132
還元系漂白剤………………………………… 25
感光性プラスチック………………… 136, 137

環状ポリオレフィン……………… 134, 135
乾燥剤………………………………… 92, 94
救急絆創膏…………………………… 66, 68
キューティクル（毛小皮）………… 44, 48
共有結合……………………………… 146
金属イオン封鎖作用（水軟化作用）…… 14
口紅…………………………………… 52
クリーム……………………… 42, 154, 156
クレンザー…………………………… 26
くん煙剤……………………………… 82
形状記憶プラスチック……………… 140
化粧水………………………………… 42
化粧品………………………………… 34
ケラチノサイト（角化細胞）……… 34
けん化…………………………… 12, 16, 150
けん化法……………………………… 16
高吸水性プラスチック……………… 138
硬質PVC …………………………… 114
酵素………………………………… 15, 18, 20
高密度ポリエチレン(HDPE)… 108, 110, 112
固形石けん………………………… 16, 40
コルテックス（毛皮質）………… 44, 48
コンディショナー………… 44, 46, 150

サ行

再付着防止…………………………… 12
酸素系漂白剤………………………… 24
紫外線…………………………… 36, 44
歯周病…………………………… 56, 58, 60
射出成形………………… 60, 162, 167
シャンプー………… 44, 46, 150, 166
重曹………………………………… 26
柔軟剤…………………………… 28, 30
循環式混合装置…………………… 156
消臭剤……………………………… 100
樟脳…………………………… 86, 88
食品衛生法………………………… 20
除湿剤…………………………… 92, 96
シリカゲル…………………… 92, 94
シリコーンプラスチック（シリコーン、SI）
……… 46, 50, 52, 68, 106, 128, 129, 146

172

シリコン	128
真空乳化機	154
真空熱成形	168
親水基	12, 28, 138
親油基	12, 28
水素結合	44, 146
水中油型（O/W型）	42, 154
スラリー	32, 158
生石灰	92, 94
整髪料	48
セスキ炭酸ソーダ	26
接着剤	146
洗顔料	40
洗口剤	58, 70
染毛剤（ヘアカラー）	48
全量噴射式エアゾール（TRA）	82
造粒機	158

タ行

打錠機	160
脱酸素剤	92, 94, 102, 160
脱臭剤	100
炭素繊維強化プラスチック（CFRP）	133
チューブ充填機	156
中和（作用）	12, 26, 70, 150
中和法	16
超高分子量ポリエチレン（UHMWPE）	110
直鎖状低密度ポリエチレン（LLDPE）	108, 110
通気性気泡構造（スポンジ）	171
手洗い用食器洗剤（台所用洗剤）	20
ディート（DEET）	82
低密度ポリエチレン（LDPE）	108, 112
電解水	26
電気蚊取り	72, 78
天然保湿成分（NMF）	34, 36, 38
投錨効果	146
毒餌剤（ベイト剤）	82
独立気泡	170
トランスポリイソプレン	140
トリートメント	44, 46, 150

ナ行

ナフタリン	86, 88
軟質PVC	114
乳液	42
熱可塑性プラスチック	106, 108, 164
熱硬化性プラスチック	106
熱冷却シート	64

ハ行

バイオプラスチック	142
発泡スチロール（発泡ポリスチレン）	117, 148, 169
発泡成形	170
歯ブラシ	60
歯みがき	58
パラジクロルベンゼン	86, 88
ハンドソープ	41, 150
非イオン界面活性剤	18, 20, 22, 32, 40, 48, 158
微生物	10, 30, 70
ヒドラメチルノン	82
日焼け止め	38, 42
ビルダー（洗浄助剤）	14, 18, 20, 32
ピレスロイド	72, 74, 78, 80, 90, 96
ピレトリン（除虫菊）	72, 74, 90
ヒンジ効果	112
ファン式蚊取り	80
ファンデーション	50, 52
ファンデルワールス結合	146
フィプロニル	82
フォトレジスト	136
プラスチックフィルム	144
フルオレン系プラスチック	134
ブロー成形	166
プロフルトリン	90
分散（作用）	12, 14
芳香剤	100
ボディソープ	40, 150
ポリアミドプラスチック（ポリアミド、PA、ナイロン）	60, 64, 124, 125, 144
ポリエチレンテレフタレート（PET）	60, 106, 120, 144, 148, 167, 169
ポリエチレンプラスチック（ポリエチレン、PE）	64, 105, 106, 108, 112, 114, 125, 127, 142, 144, 162, 165, 169, 170, 171
ポリ塩化ビニリデン（PVDC）	144
ポリ塩化ビニルプラスチック（ポリ塩化ビニル、PVC）	68, 88, 105, 114, 127, 144, 165, 169, 170, 171

ポリカーボネートプラスチック
　（ポリカーボネート、PC）… 122, 123, 134,
　　　　　　　　　　　　135, 144, 145, 162, 165
ポリスチレンプラスチック
　（ポリスチレン、PS）……… 116, 118, 122,
　　　　　　　　　127, 134, 162, 169, 170, 171
ポリ乳酸（PLA）………………………… 142, 144
ポリノルボルネン………………………………… 140
ポリプロピレンプラスチック
　（ポリプロピレン、PP）……… 60, 106, 112,
　　　　　　　　　114, 127, 142, 144, 162, 169
ポリマー（高分子）……… 104, 105, 112, 130

マ行

マット式（電気蚊取り）…………………… 78
無機系（鉄系）脱酸素剤………………… 92, 94
むし歯（う蝕）………………………… 56, 58, 60
メイク落とし（クレンジング）…………… 40
メラニン色素……………………………………… 36
メラノサイト（色素細胞）……………… 34, 44
モイストヒーリング（湿潤療法）………… 66

毛髪……………………………………………… 44
モノマー（単量体）…………………………… 104

ヤ行

薬事法（医薬品医療機器等法）………… 54, 66
有機系（非鉄系）脱酸素剤…………………… 92
油中水型（W/O型）…………………… 42, 154
陽イオン（カチオン）界面活性剤… 19, 22, 28,
　　　　　　　　　　　　　　　30, 46, 48

ラ行

ラメラ構造……………………………………… 38, 46
ランゲルハンス細胞（免疫細胞）………… 34
リキッド式（電気蚊取り）………………… 78
流動層造粒法………………………………… 160
冷却シート……………………………………… 62
冷却まくら…………………………………… 62, 64
ロンドン－ファンデルワールス力……… 14

ワ行

ワンプッシュ式蚊取り…………………… 72, 80

■参考文献

『衣料用洗剤の動向』崔文雄／日本油化学会、『洗浄機構とビルダー作用』荻野圭三／生産研究、『親水性固体粒子汚れの木綿布からの洗浄性に関する研究』佐藤昌子・長恵子・奥山春彦／大阪市立大学生活科学部紀要、『洗浄技術』角田光雄／シーエムシー出版、『固体汚れの洗浄』元木加世・駒城素子／生活工学研究、『衣料用漂白剤の機能と最近の研究』牧昌孝／フレグランスジャーナル社、『漂白剤の製造技術と細菌の技術動向』青柳宗郎／フレグランスジャーナル社、『技術の系統化調査報告第９集』中曽根弓夫／産業技術史資料情報センター、『最近の柔軟剤の開発動向』江川直行／フレグランスジャーナル社、『落ちにくい口紅の開発』江川裕一郎／フレグランスジャーナル社、『歯磨剤の開発動向』伊佐弘／幸書房、『メラノソーム輸送機構に基づいた美白アプローチ』村松慎介・水谷友紀・福田光則／フレグランスジャーナル社、『幹細胞からメラノサイトへの分化制御による新しい美白理論の構築』井上悠／フレグランスジャーナル社、『最近のボディソープの開発動向』宇津木彰／フレグランスジャーナル社、『敏感肌研究・皮膚バリア研究に基づく低刺激性スキンケア製品の開発』柴田道男・岸本治郎／フレグランスジャーナル社、『ファンデーションの処方・製剤

設計のポイント』島崎巌・半山香穂里・清水一弘／フレグランスジャーナル社、『身の回りの製品に含まれる化学物質シリーズ…化粧品』独立行政法人製品評価技術基盤機構　化学物質管理センター、『新化粧品学』光井武夫／南山堂、『最新化粧品科学』日本化粧品技術者会／薬事日報社、『有機工業化学』戸嶋直樹・馬場章夫編／朝倉書店、『化合物の辞典（普及版）』高本進・稲本直樹・中原勝儼・山崎昶／朝倉書店、『有機化合物辞典』有機合成化学協会／講談社サイエンティフィク、『無機化合物・錯体辞典』中原勝儼／講談社サイエンティフィク、『図解 化学のウンチクがたちまち身に付く本―即効！化学ツウになれるQ&A80テーマ』杉山美次・岩瀬充康／秀和システム、『気体分離膜・透過膜・バリア膜の最新技術（新材料・新素材シリーズ）』永井一清／シーエムシー出版、『食品加工学 第2版―加工から保蔵まで』露木英男・田島眞／共立出版、『日本建築学会環境基準AIJES-A003-2005 室内の臭気に関する対策・維持管理規準・同解説』日本建築学会／日本建築学会、『しくみ図解　ものづくりの化学が一番わかる～身近な工業製品から化学がわかる～』左巻健男／技術評論社、『衣料用防虫剤プロフルトリン（フェアリテール®）の発明と開発』氏原一哉・菅野雅代・中田一英・岩倉和憲・西原圭一・加藤日路士／『住友化学　技術誌　2010 - II』より、『家庭用殺虫剤概論III』日本家庭用殺虫剤工業会、『一般消費者用 芳香・消臭・脱臭剤の自主基準』芳香消臭脱臭剤協議会、『機能性プラスチックが身近になる本』竹本喜一・飯田襄共著／シーエムシー出版、『プラスチック読本』大阪市立工業研究所プラスチック読本編集委員会編／プラスチックス・エージ、『新時代のプラスチック』伊保内賢・中村次雄共著／工業調査会、『プラスチック成形材料』鞠谷雄士・竹村憲二監修／工業調査会、『最新プラスチックリサイクル総合技術』喜多泰夫編著／シーエムシー出版、『接着の科学』竹本喜一・三刀基郷共著／講談社　（順不同）

■写真提供
公益社団法人日本毛髪科学協会、㈱UFCサプライ、フマキラー㈱、日本繊維製品防虫剤工業会、高知石灰工業㈱、谷本泰正、日プラ㈱、喜多泰夫、㈱青芳製作所、日本合成洗剤㈱
（順不同・敬称略）

■著者紹介
武田徳司（たけだ・とくじ）
日本合成洗剤株式会社及び日本石鹸株式会社研究開発部部長。工学博士。1968年大阪大学大学院工学研究科応用化学専攻修士課程修了。同年より大阪市立工業研究所勤務、2002年同研究所所長、2004年定年退職。2004年より現職。著書に『有機工業化学（分担執筆　生活環境化学）』（朝倉書店）、『洗浄事典（分担執筆　複合洗剤）』（朝倉書店）など。　【執筆担当：第1・2・3章、第8章1-6、第1・2・3章コラム】

平松紘実（ひらまつ・ひろみ）
京都大学大学院農学研究科修士課程修了。サイエンスライター。食・料理に関する科学を中心に、科学を楽しく分かりやすく伝える文章の執筆を行う。理系ライターズ「チーム・パスカル」所属。著書に「「おいしい」を科学して、レシピにしました。』（サンマーク出版）、執筆協力に『日常の「ふしぎ」に学ぶ楽しい科学』（ナツメ社）、『深海がまるごとわかる本』（学研パブリッシング）など。　【執筆担当：第4・5章、第4・5章コラム】

喜多泰夫（きた・やすお）
1952年大阪府生まれ。大阪大学大学院工学研究科修士課程修了後、大阪市立工業研究所プラスチック課研究員、米国アリゾナ大学客員研究員、京都工芸繊維大学客員教授、地方独立行政法人大阪市立工業研究所理事長、一般社団法人大阪工研協会理事長等を経て、現在は一般財団法人化学研究評価機構特別顧問。工学博士。専門分野は高分子化学、プラスチック成形加工。著書に『混練分散の基礎と先端的応用技術』（テクノシステム）、『最新プラスチックリサイクル総合技術』（シーエムシー出版）、『界面活性剤の選択方法と利用技術』（サイエンス＆テクノロジー）、『ポリマーの混練分散技術とその評価』（技術情報協会）、『プラスチック読本』（プラスチックス・エージ）、『二軸押出機による樹脂混練』（技術情報協会）、『新版複合材料技術総覧』（産業技術サービスセンター）など。
　【執筆担当：第6・7章、第8章7-11、第6・7章コラム】

- 装　　　丁　　中村友和（ROVARIS）
- 作図＆イラスト　　いずもり・よう、松本奈央、かんばこうじ
- 編　集＆DTP　　ジーグレイプ株式会社

しくみ図解シリーズ
生活用品の化学が一番わかる

2015年5月10日　初　版　第1刷発行

著　　　者	武田徳司、平松紘実、喜多泰夫
発　行　者	片岡　巌
発　行　所	株式会社技術評論社
	東京都新宿区市谷左内21-13
	電話
	03-3513-6150　販売促進部
	03-3267-2270　書籍編集部
印刷／製本	株式会社加藤文明社

定価はカバーに表示してあります。

本書の一部または全部を著作権法の定める範囲を超え、無断で複写、複製、転載、テープ化、ファイル化することを禁じます。

©2015　ジーグレイプ株式会社

造本には細心の注意を払っておりますが、万一、乱丁（ページの乱れ）や落丁（ページの抜け）がございましたら、小社販売促進部までお送りください。送料小社負担にてお取り替えいたします。

ISBN978-4-7741-7216-3　C3043

Printed in Japan

本書の内容に関するご質問は、下記の宛先まで書面にてお送りください。お電話によるご質問および本書に記載されている内容以外のご質問には、一切お答えできません。あらかじめご了承ください。

〒162-0846
新宿区市谷左内町21-13
株式会社技術評論社　書籍編集部
「しくみ図解シリーズ」係
FAX：03-3267-2271